IVAN BLATTER

ARBEITE KLÜGER – NICHT HÄRTER!

So holen Sie das Beste aus Ihrer Zeit, ohne sich auszubeuten
Methoden und Tools für ein neues Zeitmanagement

Mai 2019

W0198319

INHALT

ZEITMANAGEMENT – DIE GROSSE ILLUSION

Das klassische Zeitmanagement bietet für den heutigen Alltag kaum mehr brauchbare Lösungen. Lassen Sie uns deshalb einen anderen Ansatz versuchen. Ein gutes neues Zeitmanagement beginnt nämlich nicht bei der Aufgabenliste, den Methoden oder Apps, sondern in Ihrem Kopf.

Eigentlich ist Zeitmanagement eine große Lüge. Denn Zeit lässt sich nicht managen. Im Gegenteil: Es gibt kaum etwas anderes, das so gerecht verteilt ist wie die Zeit. Sie haben 24 Stunden pro Tag, ich habe 24 Stunden – genauso wie Ihre Freunde, Kollegen, Ihr Chef und Ihre Familie. Wenn wir heute eine Stunde Zeit „sparen", haben wir morgen nicht plötzlich 25 Stunden. Trotzdem gelingt es einigen Menschen, in ihren 24 Stunden unglaublich viel zu machen, ja sogar die Welt zu verändern, während andere nicht vorwärts kommen und unzufrieden sind.

Zeit ist, was sie ist. Fertig. Da gibt es eigentlich nichts zu managen, sondern wir sollten unsere Zeit sinnvoll einsetzen. Vor allem sollten wir uns davor hüten, mit einem guten Zeitmanagement immer mehr in unser Leben zu bringen: mehr Aufgaben in weniger Zeit, mehr erreichen, mehr tun, mehr, mehr, mehr ... Das kann mit der Zeit nicht gut gehen.

Zeitmanagement ist deshalb eigentlich ein falscher Begriff. Was wir hingegen sehr wohl tun können, ist unseren Umgang mit der gegebenen Zeit verbessern. Zeitmanagement ist damit tatsächlich Selbstmanagement und Management der eigenen Energie.

- Der Begriff „Selbstmanagement" öffnet neue Türen. Denn im Selbstmanagement sind nur wir selbst dafür verantwortlich, was wir tun und erreichen. Wir haben die Fäden in der Hand. Wir sind nicht komplett fremdbestimmt, sondern es ist unsere Verantwortung, was wir mit unserer Zeit und unserem Leben anfangen. Eigentlich eine schöne Vorstellung, nicht wahr?

- Mit einem guten Energiemanagement gelingt es uns, unsere 24 Stunden so einzuteilen und zu nutzen, dass wir abends vielleicht müde, aber nicht erschöpft sind. Abends müde zu sein, ist weder unanständig noch unmoralisch. Doch sind wir jeden Abend so erschöpft, dass uns nur noch das Sofa bleibt, dann machen wir etwas falsch. Ein gutes Energiemanagement hilft uns, unsere Kräfte so einzuteilen, dass wir abends noch genug Energie für unsere Familie, Freunde und Hobbys haben.

Ein gutes Selbst- und Energiemanagement hilft uns also, das herauszuholen, was wirklich in uns steckt. Es gibt uns die Chance, unser Potenzial wirklich umsetzen zu können.

Als ich anfing, mich mit Zeitmanagement zu beschäftigen, habe ich sehr schnell gelernt, wie wichtig eine gute Basis ist. Deshalb habe ich damit begonnen, eine Liste mit hundert Zielen zu erstellen. Es kam nicht darauf an, ob es hochtrabende („die Welt retten") oder alltägliche Ziele („Spanisch lernen") waren, sondern einfach Dinge, die ich in meinem Leben erreichen wollte. Das war eine aufwändige Übung, aber ich habe es geschafft. Was dann passierte, hat mich sehr erstaunt: Ich erkannte, dass hinter all den Zielen nur wenige Werte stehen, nämlich nur fünf oder sechs. Genau aus diesen Werten habe ich dann meine persönliche Vision abgeleitet. All das war ein sehr spannender Prozess, in dem ich sehr viel über mich gelernt habe.

Ein gutes Zeitmanagement beginnt also nicht bei den Aufgabenlisten und endet beim Kalender, sondern umfasst Ihr gesamtes Leben. Sie lernen sich auf ganz neue Weise kennen.

Produktivität?
Es geht um Ihr Potenzial!

Genauso verhält es sich mit der Produktivität. Der Begriff der Produktivität stammt aus den Wirtschaftswissenschaften und bezeichnet nichts anderes als das Verhältnis zwischen dem, was produziert wird, und dem, was dafür eingesetzt wird.

Das ist bei einer Maschine eine sinnvolle Betrachtung, denn ich kann genau berechnen, wie viele Rohstoffe ich vorne hineingebe und sehe dann, wie viele Produkte hinten herauskommen. Bin ich mit der Produktivität meiner Maschine nicht zufrieden, kann ich versuchen, mit derselben Menge Rohstoffe mehr Produkte zu bekommen, oder ich kann versuchen, dieselbe Menge Produkte mit weniger Rohstoffen herzustellen.

Doch wie ist das mit Ihnen? Wann sind Sie wirklich produktiv? Etwa, wenn Sie möglichst viele Stunden am Stück arbeiten? Oder wenn Sie möglichst viele Aufgaben von Ihrer Liste abstreichen können? Das ist natürlich Unsinn:

 Beim produktiven Arbeiten geht es darum, Ihr Potenzial wirklich umzusetzen und die richtigen und wichtigen Dinge effizient zu erledigen.

Work-Life-Balance? Unsinn!

Doch damit nicht genug. Häufig wird heute eine gute Work-Life-Balance gesucht. Schauen wir uns auch diesen Begriff genauer an. Die Work-Life-Balance sucht nach einem guten Gleichgewicht (Balance) zwischen Arbeit (Work) und Leben (Life).

Aber ist denn nicht die Arbeit ein wichtiger und integraler Bestandteil des Lebens? Haben wir wirklich hier die Arbeit und dort etwas weiter weg „das Leben"? Und was heißt Balance? Muss ich hingehen und meine Zeit ganz genau aufteilen zwischen Arbeit und Leben? Das kann so nicht funktionieren.

Viel besser wäre das Bild einer Jazzband. Hier übernimmt mal die Trompete den Solopart, danach vielleicht der Bass und am Schluss das Schlagzeug. Trotzdem braucht es alle Instrumente, damit ein guter Song entsteht. Genauso verläuft unser Leben: Es gibt Phasen, in denen die Arbeit sehr im Vordergrund steht. Dann gibt es aber auch Phasen, in denen die Familie oder die Freunde im Zentrum stehen. Trotzdem brauchen wir immer alle Bereiche unseres Lebens, damit wir in Harmonie sind.

SIND DENN DIE BEGRIFFE SO WICHTIG?

In diesem Buch werde ich trotzdem die Begriffe Zeitmanagement und Produktivität verwenden. So wissen Sie, wovon ich spreche und worum es geht. Gleichzeitig wissen Sie jetzt auch, was hinter den Begriffen steht und weshalb sie problematisch sein können.

Ich werde die Begriffe Zeitmanagement und Produktivität synonym gebrauchen. Bei allem geht es nämlich streng genommen gar nicht um die Arbeit, sondern nur um Sie: Wie können Sie es schaffen, abends zufriedener nach Hause zu gehen im Wissen, dass Sie heute etwas bewegt haben?

Weshalb Zeitmanagement gescheitert ist

Über Zeitmanagement ist schon sehr viel geschrieben worden. Es werden immer und immer wieder neue Methoden entwickelt und neue Tipps gegeben. Doch ist man als Zeitmanagement-Trainer unterwegs, muss man sich selbstkritisch hinterfragen. Hat denn die Jahrzehnte lange Geschichte des Zeitmanagements wirklich etwas verändert? Geht es den Menschen heute wirklich besser als vor ein paar Jahrzehnten? Sind sie wirklich zufriedener bei der Arbeit?

Im Jahr 2011 geschah etwas sehr branchen-unübliches: Ausgerechnet Lothar Seiwert, der Zeitmanagement-Papst im deutschsprachigen Raum, erklärte das Scheitern des Zeitmanagements und damit auch ein Stück weit seiner jahrzehntelangen Bemühungen. In seinem Buch „Ausgetickt" schrieb Seiwert resigniert: „Zeitmanagement ist gescheitert!" Das Beunruhigende: Lothar Seiwert hat Recht. Unzählige Studien zeigen, dass der Stress in den letzten Jahren zugenommen hat und dass eine erdrückende Mehrheit der Arbeitnehmer erwartet, dass der Stress in Zukunft auch weiter zunehmen wird.

Was ist falsch gelaufen? Eigentlich sollte doch ein gutes Zeit management helfen, das eigene Potenzial voll auszuschöpfen – und zwar ohne sich auszubeuten – und damit die Zufriedenheit bei der Arbeit zu erhöhen.

Stress ist genau das Gegenteil davon. Die Schweizerische Gesundheitsförderung definiert Stress als ein „wahrgenommenes Ungleichgewicht zwischen Belastungen oder Anforderungen an eine Person und deren Möglichkeiten (Ressourcen), darauf zu reagieren.

Dieses Ungleichgewicht wird als unangenehm empfunden und kann das Wohlbefinden einschränken." Diese Definition zeigt, dass Stress sehr subjektiv ist. Während der eine problemlos mit den Belastungen zurechtkommt, fühlt sich der andere bei denselben Belastungen überfordert und gestresst.

Im klassischen Zeitmanagement wurde viel zu lange viel zu sehr auf Effizienz Wert gelegt. Es ging lange Zeit darum, immer mehr in den Tag zu pressen und mehr Aufgaben in weniger Zeit zu erledigen. „Mehr, mehr, mehr" war das Ziel eines guten Zeitmanagements. Diese Philosophie ist mitverantwortlich für den eher schlechten Ruf des Zeitmanagements und vielleicht sogar für den steigenden Stress, mit dem viele Menschen heute zu kämpfen haben.

Wenn Zeitmanagement mitverantwortlich für den Stress ist, wo kann dann die Lösung liegen? Vielleicht ist es gar nicht so schwierig, wie wir meinen, sondern wir müssen nur auf die andere Seite der Stressdefinition wechseln.

Stellen Sie sich eine Zitrone vor, die Sie auspressen. Zu Beginn geht es ganz gut, Sie bekommen recht einfach den Saft, an dem Sie interessiert sind. Dann müssen Sie irgendwann fester und fester pressen, denn schließlich wollen Sie ja den ganzen Saft aus der Zitrone haben. Ganz zum Schluss brauchen Sie richtig viel Kraft, um auch noch den letzten Tropfen herauszupressen. Und dann? Dann ist die Zitrone ausgepresst, ausgelaugt, hinüber. Sie werfen die Zitrone in den Bioabfall.

Genau das passiert mit uns Menschen auch, wenn wir versuchen, alles aus uns herauszupressen. Folgen wir der Philosophie „Mehr, mehr, mehr", versuchen wir auch, den letzten Tropfen aus uns herauszupressen. Die Folge: Auch wir sind dann irgendwann ausgepumpt, ausgelaugt, erschöpft. Im „besten" Fall heißt das dann Stress und Hektik, im schlechtesten Fall Burnout, Erschöpfungsdepression, Herzinfarkt.

Lassen Sie uns beim Bild der Zitrone bleiben, es aber anders deuten. Das Leben ist, wie es ist. Manchmal gibt es uns leider saure Zitronen, die wir lieber nicht bekommen würden, doch es ist halt so. Das sind die Umstände, in die wir eingebunden sind: die Wirtschaftslage, die Politik, die Branche, die Kunden, der Chef, die Kollegen, manchmal vielleicht auch die Familie, die Umstände in der Schule unserer Kinder, die Nachbarn usw. All diese Umstände sind die Anforderungen, denen wir uns gegenübersehen. Häufig sind es auch die Belastungen, die auf uns zukommen.

Können wir daran etwas ändern? Manchmal ja, doch häufig können wir gar nichts daran ändern. Zwar haben wir Einfluss auf unsere Familie oder vielleicht sogar auf die Schule unserer Kinder, doch die Wirtschaftslage oder die Politik können wir kaum ändern.

Deshalb sollten wir auf die andere Seite wechseln, nämlich zu unseren Möglichkeiten und Ressourcen, damit umzugehen. Es gibt ein Sprichwort: „Gibt dir das Leben eine Zitrone, dann mach Limonade daraus."

Genau darum geht es! Welche Zitronen uns das Leben schenkt, können wir selten beeinflussen. Wir können nur entscheiden und bestimmen, was wir mit diesen Zitronen machen oder wie wir damit umgehen. Wir können versuchen, aus diesen Zitronen etwas Gutes, Feines wie Limonade oder Gelee zu machen, anstatt über all die Zitronen zu jammern.

Das ist eine sehr positive Botschaft. Ja, klar, wie viele und welche Zitronen wir erhalten, können wir kaum beeinflussen. Doch was wir mit den Zitronen machen, liegt nur in einer Hand: in unserer eigenen. Wir haben die Fäden in der Hand und können jetzt aktiv etwas damit tun.

Haben wir also keinen oder kaum Einfluss auf die Zitronen (= Belastungen), müssen wir versuchen, auf der anderen Seite anzusetzen. Das sind dann unsere Ressourcen und Möglichkeiten. Wir können versuchen, uns so aufzustellen, dass wir mit den Belastungen besser umgehen können.

Genau das muss ein neues Zeitmanagement leisten können, damit es nicht auch versagt. Ein neues Zeitmanagement muss dafür sorgen, dass ich mit den Belastungen zurecht komme. Es muss nicht die Aufgaben und Belastungen optimal organisieren, sondern auf meine Seite wechseln und mir helfen, mich optimal aufzustellen. Ähnlich wie ein Sportler, der punktgenau seine beste Leistung abrufen kann.

Gut möglich, dass das nicht geht. Gut möglich, dass die Belastungen für mich trotzdem noch zu hoch sind und ich einfach zu wenig Ressourcen dafür habe. Oder mit anderen Worten: gut möglich, dass ich für den Job in dieser Form nicht geeignet bin. Auch das muss mir ein gutes Zeitmanagement klar machen. Ein gutes Zeitmanagement hilft mir zu erkennen, was ich kann und was ich eigentlich will. Nicht jeder ist für jeden Job geeignet oder kann soweit gebracht werden, dass er in seinem Job gut ist.

So wäre ich zum Beispiel ein sehr schlechter Börsenmakler. Vielleicht nicht inhaltlich, doch ich käme mit dem sehr schnellen Wechsel zwischen unterschiedlichsten Aufgaben und Themen nicht zurecht.

Zeitmanagement beginnt im Kopf

Wir haben nun also die Situation, dass Zeitmanagement eine Illusion und eigentlich gescheitert ist. Doch die Herausforderungen unseres Alltags sind natürlich immer noch da. Wie können wir damit umgehen? Bietet das Zeitmanagement tatsächlich keine Hilfe mehr?

Um aus dieser Situation herauszufinden, sollten wir zuerst auf uns schauen. Zeitmanagement ist ja eher Selbst- oder Energiemanagement. Wir können nur unseren Umgang mit der Zeit verändern. Vielleicht haben wir selbst ja falsche Vorstellungen. Vielleicht erwarten wir selbst vom Zeitmanagement zu viel oder das Falsche. Lassen Sie uns deshalb genauer anschauen, was wir häufig vom Zeitmanagement erwarten.

„Ich habe keine Zeit für Zeitmanagement."

Das ist eine Aussage, die ich häufig höre. Kein Wunder, denn sie stimmt ja auch! Wenn Sie viel zu viel zu tun haben und nicht wissen, wie Sie alles schaffen können, dann haben Sie häufig ein Problem mit Ihrem Zeitmanagement. Sie arbeiten schon ohne Pause, Sie sammeln Überstunden und werden doch nicht fertig. Wie sollen Sie da noch Zeit finden, ein Seminar zu besuchen oder Ihr Zeitmanagement zu überarbeiten? Das Problem ist ja gerade, dass Sie diese Zeit nicht haben.

Haben Sie ein schlechtes Zeitmanagement und wollen ein gutes einrichten, dann sind Sie eingeladen, sich zu verändern. Nun ist es natürlich so, dass jede Veränderung wiederum Zeit braucht. Sie müssen ja alte Gewohnheiten verlernen und durch neue ersetzen. Neue Gewohnheiten brauchen zunächst mal Zeit. Vermutlich müssen Sie auch mal einen Nachmittag oder einen Tag lang Ihre Arbeit neu organisieren. Sie müssen also heute Zeit investieren, um morgen Zeit zu gewinnen. Leider haben Sie aber genau heute keine Zeit, es ist noch so viel zu tun ... Das ist das Paradoxon des Zeitmanagements.

Vergessen Sie nicht: Was ich hier beschreibe, gilt für jede Veränderung. Wollen Sie etwas erreichen, investieren Sie heute etwas und ernten morgen die Ergebnisse:
- Sie verzichten heute auf den Nachtisch, um später schlanker zu sein.
- Sie bezahlen heute Ihre Rentenversicherung, um später eine Rente beziehen zu können, die Ihren Lebensstandard sichert.
- Sie legen heute Geld auf die Seite, um später ein Haus bauen zu können.

Dieses Prinzip kennen Sie und üben es in anderen Bereichen ganz natürlich aus. Das ist mit einem guten Zeitmanagement nicht anders. Auch hier gilt: Sie nehmen sich heute Zeit, um später mehr Zeit für die wichtigen Dinge zu haben:
- Sie arbeiten alle E-Mails in Ihrem Posteingang ab, damit Sie ab morgen weniger Zeit im Posteingang verlieren, weil Sie dann eine bessere Übersicht haben und unerledigte E-Mails sofort finden.
- Sie räumen Ihren Schreibtisch und Ihre Ablage auf, damit Sie dann ab morgen Ihre Dokumente schneller finden.
- Sie planen heute Ihren Tag und Ihre Woche, damit Sie schneller und fristgerecht Ihre Ziele erreichen.

So eine Investition muss sich natürlich lohnen – ganz ähnlich als würden Sie Geld investieren. Suchen Sie also heute den ganzen

Nachmittag nach einer perfekten App, damit Sie zehn Minuten Zeit sparen können, dann war das eine schlechte Investition. Räumen Sie hingegen mal so richtig auf und müssen dafür jeden Tag zehn Minuten weniger lang nach Ihren Unterlagen suchen, ist das mehr als lohnenswert. Oder schlafen Sie ab heute sieben bis acht Stunden pro Nacht, sind dafür ab morgen fitter, voller Power, können mehr erledigen und haben abends noch Energie für die Familie, dann ist die Zeit mehr als gut investiert.

Das zieht sich durch das gesamte Zeitmanagement: Je weniger Zeit Sie für Zeitmanagement haben, desto wichtiger ist es, sich diese Zeit freizuschaufeln. Ein gutes Zeitmanagement hilft Ihnen nämlich, den Überblick zu behalten, die Dinge zeitnah und stressfrei zu erledigen, zielgerichtet zu arbeiten, die Motivation hoch zu halten und schlicht und einfach Dinge zu erledigen – anstatt von Zufälligkeiten gehetzt zu werden wie ein Ball in einem Flipperautomaten.

„Ich brauche nur den perfekten Tipp.“

Dann viel Glück bei der Suche! Das werden Sie brauchen. Viele meiner Kunden sind echte Zeitmanagement-Experten. Sie kennen alle Apps und viele Methoden. Sie lesen alle Blogs rund um Zeitmanagement. Leider gelingt es ihnen aber nicht, in die Umsetzung zu kommen und echte Veränderungen durchzuführen.

Alle Tipps rund um Zeitmanagement sind, was sie sind: Tipps. Sie bekämpfen Symptome, aber keine Ursachen. Natürlich mögen die Tipps funktionieren, doch das ist wie bei einer Kopfschmerztablette. Haben Sie einmal Kopfschmerzen, dann nehmen Sie eine Tablette. Haben Sie aber ständig oder regelmäßig Kopfschmerzen, dann gehen Sie doch auch zum Arzt, klären die Ursache dieser Kopfschmerzen und versuchen, diese Ursache zu beseitigen.

Genauso im Zeitmanagement. Natürlich funktionieren all die Tipps, doch das Problem liegt viel tiefer, nämlich in der Frage: Was ist die Ursache hinter meinem Problem? Dazu ein Beispiel:

Herr Scholz ist Mitglied der Geschäftsleitung eines kleinen Unternehmens und zuständig für den Verkauf und das Marketing. Seine Hauptprobleme: Er wird ständig unterbrochen und lässt sich leicht ablenken. Im Coaching hätte ich ihm einfach sagen können: „Schalten Sie die Mailbenachrichtigung aus und arbeiten Sie häufiger im Home-Office." Das hätte Herrn Scholz zwar kurzfristig geholfen, doch das eigentliche Problem nicht gelöst.

Im Gespräch stellte sich nämlich heraus, dass die Ursache dafür ganz woanders liegt. Herr Scholz kann nämlich sehr schlecht „Nein" sagen und meint, er müsse für seine Mitarbeiter immer erreichbar sein. Im Coaching habe ich ihm geholfen, sich von diesen Vorstellungen zu lösen. Natürlich waren dann die Tipps, wie man Unterbrechungen minimieren kann, auch hilfreich, doch die Ursache war in seinem Kopf. Deshalb setzten wir hier an.

In weiteren Gesprächen merkte ich, dass Herr Scholz viel zu wenig schläft und eigentlich immer müde ist. Wer immer müde ist, lässt sich viel leichter von kleinen Dingen ablenken: Social Media, Online-Zeitungen, E-Mails usw. Also haben wir hier angesetzt und Herr Scholz hat gelernt, wie er sich wirklich erholen und wie er genug schlafen kann.

Dieses Beispiel zeigt sehr schön, wo ein gutes Zeitmanagement stattfindet: in Ihrem Kopf! Nicht in irgendeiner Software, in einer Methode oder einem besonderen Tipp, sondern zunächst in Ihrem Kopf.

„Qualität setzt Perfektion voraus."

Perfektion ist eine Einstiegsdroge in das Aufschieben. Natürlich wollen wir alle sehr gute Arbeit abliefern. Perfektion steht Ihnen dabei allerdings im Weg. Sehr häufig werden Aufgaben über Wochen und Monate aufgeschoben, weil jemand nach Perfektion strebt und gleichzeitig weiß, dass er sie nicht erreichen kann.

Ich würde sogar einen Schritt weitergehen. Perfektion ist nicht möglich! Ich glaube sogar, dass Perfektion nichts mit Qualität zu tun hat. Natürlich muss die Qualität hoch sein, sonst haben Sie gegen Mitbewerber keine Chance. Sie brauchen aber keine perfekte Arbeit abzuliefern. Das würde zu lange dauern, zu aufwändig sein und die Konkurrenz ist dann schon ein paar Schritte weiter.

Wer erobert den Markt? Derjenige, der ein qualitativ hochwertiges Produkt rasch auf den Markt bringt oder derjenige, der sein Produkt noch ein wenig besser, noch runder, noch perfekter macht, aber erst Monate später auf den Markt bringt? Das ist wie im Fußball. Hier gewinnt die Mannschaft, die mehr Tore landet, und nicht die, die den perfekten Fußball zeigt.

„Ich habe so viel Stress."

Das kann gut sein. Wichtig ist zu erkennen, woher dieser Stress kommt. Sie kennen bestimmt auch Menschen mit einem riesigen Arbeitsvolumen, die so richtig zufrieden und glücklich, aber nie gestresst sind. Andere Menschen hingegen fühlen sich bereits mit einer deutlich geringeren Arbeitslast überfordert. Stress und Überforderung müssen unbedingt ernst genommen werden. Egal, was die Ursache dafür ist, Fakt ist, dass sich jemand nicht wohl fühlt und unter Umständen auch in ernsthafte gesundheitliche Probleme steuern könnte.

Häufig liegt die Ursache für Stress in unserer Einstellung und Wahrnehmung. Erinnern Sie sich an die Definition der Schweizerischen Gesundheitsförderung von weiter oben: „Stress ist wahrgenommenes Ungleichgewicht zwischen Belastungen oder Anforderungen an eine Person und deren Möglichkeiten (Ressourcen), darauf zu reagieren." Natürlich kann die Belastung oder die Anforderung objektiv gesehen viel zu hoch für einen Menschen sein. Meistens liegt das Problem aber auf der anderen Seite, nämlich bei unseren Ressourcen. Gelingt es uns, hier anzusetzen, können wir plötzlich die Anforderungen erfüllen.

Als ich noch als Angestellter arbeitete, hatte ich mal einen Job, bei dem ich mich sehr unwohl fühlte. Ich fühlte mich im Team nicht aufgehoben, die Arbeit war etwas konfus und es gab selten Wertschätzung für meine Arbeit. In diesem Job habe ich höchstens die Hälfte von dem geleistet, was ich heute leiste, aber ich fühlte mich ständig gestresst.

Dieses Beispiel zeigt, wie die eigenen Gedanken und die eigene Wahrnehmung Überforderung produzieren können. Die Anforderung von außen war nicht besonders hoch, auch die Arbeit war nicht besonders schwierig. Doch da ich mich in dieser Situation so unwohl fühlte, hatte ich nicht die Ressourcen, damit umzugehen. Meine Überforderung entstand im Inneren.

Hier liegt deshalb häufig auch die Lösung: Sind wir überfordert, sollten wir uns selbst stärken. Die Tipps in diesem Buch haben alle zum Ziel, Sie zu stärken, damit Sie mit den Anforderungen besser umgehen können. Sind Sie jedoch sehr stark überfordert, dann sollten Sie sich unbedingt externe Hilfe suchen.

„Ich habe so viel Stress" deutet häufig auf eine innere Überforderung und nicht unbedingt auf ein zu großes Arbeitsvolumen hin. Sollen Sie also unter Dauerstress leiden, sind Sie gut beraten, in sich hineinzuhorchen.

„Meine Aufgabenliste wird irgendwann kürzer."

Aufgabenlisten sind ein unverzichtbares Hilfsmittel im Zeitmanagement. Leider haben sie einen Nachteil. Sie werden oft nur länger und selten kürzer. Für jede erledigte Aufgabe kommen mindestens drei neue wichtige und dringende Aufgaben hinzu. Das ist sehr demotivierend. Vielleicht führen auch deshalb viele Menschen keine Aufgabenlisten mehr.

Das muss aber nicht so sein. Denn eine Aufgabenliste sollte drei Funktionen erfüllen:

1. Sie hilft, die Übersicht über die Arbeit zu behalten.
2. Sie garantiert, nichts zu vergessen.
3. Sie unterstützt, Aufgaben rechtzeitig zu erledigen.

Um diese Funktionen zu erfüllen, braucht man nicht zwingend eine Aufgabenliste, die zwar vollständig, dafür aber ellenlang ist. Strukturierten Menschen hilft eine genaue Aufgabenliste, auf der alle Aufgaben in kleine Stücke zerteilt sind. Weniger strukturierte Menschen sind damit meistens überfordert. Sie können vielleicht eher eine Alternative nutzen und nur die wichtigsten Dinge notieren, die erfahrungsgemäß am häufigsten vergessen werden.

Wichtig ist nur, dass alle drei Funktionen der Aufgabenliste irgendwie erfüllt sind. In welcher Form spielt weniger eine Rolle.

Wie der Zeitgeist produktives Arbeiten behindert

Unsere Arbeitswelt hat sich in den letzten Jahrzehnten massiv verändert. Die ständige Erreichbarkeit, die neuen Möglichkeiten durch technische Innovationen, die immer höhere Geschwindigkeit, die Masse an Informationen, die jede Sekunde auf uns einprasselt, sind nur ein paar Stichworte dazu. Schon das allein sorgt dafür, dass viele hergebrachte und bewährte Methoden des Zeitmanagements nicht mehr funktionieren.

Das ist leider noch nicht alles. Unser Zeitgeist steht der produktiven Arbeit häufig auch im Weg. Nicht nur die Arbeitswelt, sondern die gesamte Welt hat sich in den letzten Jahrzehnten rasant weiterentwickelt. Wir können all diese Veränderungen zwar ablehnen oder zutiefst bedauern, doch trotzdem sind sie immer noch da und wir müssen uns dazu verhalten. Statt zu lamentieren, halte ich es für viel wichtiger, die Stolpersteine zu erkennen, die diese Veränderungen mit sich bringen, und einen persönlichen Umgang damit zu finden. Welche Stolpersteine für unser Zeitmanagement wegen des Zeitgeistes auf uns warten, zeige ich in diesem Kapitel.

Die Kultur des Zappens

Heute werden Inhalte am liebsten wie beim Fernsehen konsumiert. Wir wechseln ständig das Programm, um von allem etwas zu haben. Schon alleine, dass es dafür den Begriff des Zappens gibt, ist doch eigentlich merkwürdig. So trainieren wir uns darauf, immer wieder einen neuen Input zu brauchen. Die Zeiteinheiten dazwischen werden immer kürzer. Dasselbe Phänomen können wir auch bei unserer Arbeit beobachten: hier schnell eine E-Mail lesen, dort rasch etwas angucken. Auch in Meetings wird nicht mehr voll und ganz zugehört, sondern immer wieder mal ein Seitenblick auf das Smartphone geworfen, um nichts zu verpassen.

An dieses ständige Hin-und-Her-Springen können wir uns gewöhnen. Wir trainieren uns regelrecht darauf, so zu funktionieren. Plötzlich haben wir dann verlernt, uns auch mal eine Stunde auf eine einzige Sache zu konzentrieren. Dabei kenne ich keinen Job, der das nicht auch mal erfordert.

Die gute Nachricht: Was man lernen kann, kann man auch wieder verlernen. In diesem Buch werden Sie ein paar Strategien kennenlernen, die Ihnen helfen, sich wieder (wenn nötig) für längere Zeit auf eine Sache zu fokussieren. Unsere Arbeitswelt braucht manchmal die Fähigkeit, sehr schnell umzuschalten. Je nach Job ein wenig mehr oder weniger. Sie brauchen aber auch die Fähigkeit, sich auf eine Sache konzentrieren zu können.

Der Glaube an die magische Pille

Wir alle wollen schnelle Veränderung. Einfache Rezepte, die jeder rasch anwenden kann und dank deren Hilfe man sofort eine Wirkung bekommt. Das klingt gut, ja sogar verführerisch, funktioniert aber leider nicht immer. Wenn es darum geht, produktiver zu arbeiten, gibt es leider keine magische Pille. Sonst bestünde dieses Buch hier aus einer Checkliste, die Sie nur schnell abarbeiten müssten und alles wäre gut.

Produktives Arbeiten ist allerdings eine Sache erfolgreicher Gewohnheiten. Das ist nicht weiter schlimm, denn Gewohnheiten haben den großen Vorteil, dass sie automatisch ablaufen, ohne dass wir daran denken müssen. Stellen Sie sich nur vor, das gelingt Ihnen auch im Zeitmanagement! Das hieße, dass Sie die Gewohnheiten nur einzuüben brauchen und dann werden Sie automatisch und nachhaltig produktiver. Genau das ist das Ziel und ich bin überzeugt, dass Sie das auch schaffen werden.

Schließlich haben Sie in Ihrem Leben schon dutzende Gewohnheiten neu erlernt oder schlechte Gewohnheiten ersetzt. Denken Sie nur an die banale Gewohnheit, mindestens zweimal täglich die

Zähne zu putzen. Das tun Sie einfach, ohne es zu hinterfragen oder darüber nachzudenken. Bestimmt haben Sie sich auch schwierigere Gewohnheiten angeeignet. Vielleicht treiben Sie regelmäßig Sport oder haben sogar eine Ernährungsumstellung gemacht. So gibt es dutzende, wenn nicht sogar hunderte Gewohnheiten, die unser Leben steuern – im Guten wie im Schlechten.

Eine neue Gewohnheit zu lernen, heißt zuerst einmal, sie regelmäßig und über eine längere Zeit konsequent umzusetzen. Dazu brauchen Sie die Bereitschaft, Zeit zu investieren, damit dann die Erfolge sichtbar werden. Das ist auch beim Zeitmanagement so.

In den kommenden Kapiteln werden Sie einige neue Gewohnheiten lernen. Ihre Herausforderung ist nur, sie regelmäßig einzuüben und ihnen zu folgen. Damit wird Ihre Produktivität automatisch steigen. Nicht über Nacht, dafür Schritt für Schritt und nachhaltig.

Die Kultur des Entertainments

Heute werden sogar manche Nachrichtensendungen als Infotainment bezeichnet. Das allein ist zwar noch nicht beklagenswert. Steht jedoch überall nur das Entertainment im Vordergrund, rücken Resultate und Wirkungen in den Hintergrund. Nicht ganz zu Unrecht klagte Neil Postman in den 1980er-Jahren in seinem Klassiker: „Wir amüsieren uns zu Tode."

Selbstverständlich haben Unterhaltung und Entertainment eine sehr hohe Berechtigung. Dagegen gibt es überhaupt nichts zu sagen. Das hilft uns beim Entspannen, was für Ihre Zufriedenheit und damit auch für die Produktivität enorm wichtig ist.

Bei der Arbeit sollten wir aber eine gute Balance zwischen Resultaten und Unterhaltung finden. Produktives Arbeiten ist nicht immer nur amüsant und unterhaltsam. Es darf zwar – ja, es muss sogar – Spaß machen, doch wir müssen auch fähig sein, weniger lustige Zeiten gut zu überstehen und trotzdem abends zufrieden zu sein.

Produktives Arbeiten heißt deshalb vor allem Fokus auf Resultate – nicht ausschließlich auf Spaß und Unterhaltung. Damit Ihnen hier eine gute Balance gelingt, helfen Ihnen die folgenden Kapitel.

Kurzfristig versus langfristig

Gerade im Selbstmanagement und besonders bei Gewohnheiten können Sie davon ausgehen, dass die kurzfristige und die langfristige Wirkung häufig unterschiedlich und oft gegensätzlich sind. Das kennen wir alle in unserem Leben: Kurzfristig ist es sicher attraktiver, auf dem Sofa zu liegen und Chips zu essen. Langfristig stehen die Folgen diesem Genuss diametral entgegen.

Genauso bei der Arbeit: Natürlich hätte ich genau jetzt Lust, im Internet zu surfen. Das schreibt aber mein Buch nicht fertig. Kurzfristig hätte ich sofort einen Gewinn, nämlich Spaß und Unterhaltung im Internet. Mein langfristiges Ziel ist aber ein anderes, nämlich ein eigenes Buch zu haben. Wenn es mir gelingt, meinen Blick auf dem langfristigen Fokus zu behalten, bin ich gerne bereit, weiterzuschreiben und nicht rasch ein wenig im Netz umherzusurfen. Denn insgeheim weiß ich ohnehin, dass mich die Arbeit an dem Buch mehr befriedigt als das kurzfristige Surfen.

Kurzfristige Handlungen sind für uns häufig sehr attraktiv, weil wir sofort einen Gewinn haben (meistens irgendeine Form von Genuss). Dabei vergessen (oder verdrängen) wir die langfristigen Auswirkungen davon. Arbeiten Sie produktiv, haben Sie die langfristigen Wirkungen und Ziele immer im Blick. Für diese stecken Sie kurzfristig gerne etwas zurück. Wie Sie Ihre Konzentration, Ihren Fokus erhöhen können, lernen Sie später in einem eigenen Kapitel.

Symptome statt Ursachen

Sie haben jetzt schon mehrmals gelesen, dass ein gutes Zeitmanagement aus guten Gewohnheiten besteht. Es geht nicht um Tools, Hilfsmittel und Techniken. Die sind zwar auch wichtig, doch erst im zweiten Schritt. Setzen wir direkt bei den Tools an, betreiben wir nur Symptombekämpfung. Das mag kurzfristig helfen, doch viel geschickter und nachhaltiger ist es, sich auf die Ursachen Ihres Zeitproblems und nicht nur auf die Symptome zu konzentrieren.

Es gibt im Internet zu jedem Zeitmanagement-Problem eine Liste mit den zehn besten Tipps. Keine Frage, die helfen bestimmt, wenn Sie sie konsequent umsetzen. Doch das Problem bleibt häufig trotzdem bestehen. Eben weil die Ursache nicht angegangen wird. In diesem Buch versuchen wir, an den Ursachen anzusetzen, Ihr Zeitmanagement auf eine gute Basis zu stellen und neue Gewohnheiten zu etablieren, die Ihnen wirklich und langfristig helfen.

Weshalb Sie ein gutes Zeitmanagement weiterbringt

In meinen Seminaren frage ich zu Beginn gerne, was die Teilnehmer unter Zeitmanagement verstehen. In einem Seminar stand ein Teilnehmer auf und gab sehr selbstbewusst von sich: „Zeitmanagement tötet jede Kreativität!" Das war eine starke Aussage und nicht gerade ein optimaler Einstieg in den Seminartag.

Wenige Menschen freuen sich auf ein Training in Zeitmanagement. Sie haben Angst, zur Maschine zu werden oder endgültig im Hamsterrad zu landen. Andere denken, dass Zeitmanagement sowieso nichts bringe. Diese Ängste gilt es natürlich ernst zu nehmen, denn diese Menschen haben offenbar genau diese Erfahrung schon einmal gemacht. Ich glaube, dass diese Ängste häufig zwei Gründe haben:

1. Das traditionelle Zeitmanagement funktioniert in der heutigen Welt tatsächlich nicht mehr.
2. Zeitmanagement wird falsch oder zu eng verstanden.

Ein gutes Zeitmanagement schränkt Sie überhaupt nicht ein. Im Gegenteil: Es setzt einen Rahmen, der Ihnen hilft, das aus sich herauszuholen, was wirklich in Ihnen steckt. Die Kunst besteht darin, diesen Rahmen so zu setzen, dass er Sie nicht einengt oder beschränkt. Besonders auch kreative Menschen oder Menschen mit viel Freiraum brauchen einen gewissen Rahmen, denn Studien zeigen, dass Menschen mit sehr viel Freiraum auch dazu tendieren, Dinge aufzuschieben.

Ich bin davon überzeugt: Ohne funktionierendes Zeitmanagement schöpfen wir unser Potenzial nicht aus, unsere Zufriedenheit sinkt, die des Vorgesetzten oder der Kunden auch und schlussendlich verlieren wir unsere Motivation. Letztlich gibt es nur einen Maßstab für ein gutes Zeitmanagement: Es verhilft uns zu mehr Zufriedenheit bei der Arbeit und darüber hinaus.

Kein Zeitmanagement, ein schlechtes Zeitmanagement oder falsch angewendetes Zeitmanagement saugt uns hingegen nur aus. Häufig führt ein falsches Zeitmanagement nur dazu, dass sich das Hamsterrad schneller dreht. Wir sind nicht wirklich produktiver, wenn wir schneller tippen oder E-Mails schneller beantworten können. Sondern wir sind dann produktiver, wenn wir jeden Tag unsere Leistung bringen können und unsere Aktionen eine große Wirkung entfalten.

Wir sollten nicht nur produktiver arbeiten wollen, um produktiver zu arbeiten. Zeitmanagement ist kein Selbstzweck. Sondern das große Ziel ist es, sich so zu organisieren, dass Sie über den ganzen Tag Ihre Leistung abrufen können, ohne sich am Abend komplett leer zu fühlen. Abends müde zu sein, ist absolut kein Problem. Kein Wunder, wir haben ja den ganzen Tag gearbeitet. Doch völlig erschöpft zu sein, darf nicht passieren. Schließlich wollen wir ja noch ein wenig Zeit mit unserer Familie, unseren Freunden oder bei einem Hobby verbringen können und nicht nur vor dem Fernseher wegdämmern.

NEUES ZEITMANAGEMENT ALS SELBST- UND ENERGIEMANAGEMENT

Es ist keine Hexerei, die Produktivität zu erhöhen. Man muss nur am richtigen Ort ansetzen und seinen Alltag als Ganzes betrachten. Die folgenden neun Tipps helfen Ihnen dabei. Alle sind sehr einfach umzusetzen. Sie werden sehr schnell merken, wie Sie Schritt für Schritt produktiver und – viel wichtiger! – zufriedener werden.

Im Zentrum: gute Entscheidungen

Möchten Sie von mir in komprimierter Form wissen, was es wirklich braucht, um produktiv zu arbeiten, lautet meine Antwort: die Fähigkeit, Entscheidungen zu treffen, und die Fähigkeit, sich zu fokussieren. Das sind wohl die beiden wichtigsten Kompetenzen, die Sie überhaupt brauchen. Um den Fokus kümmern wir uns in einem späteren Kapitel, zunächst geht es um die Entscheidungen.

Wenn wir etwas tun, passiert das nie einfach so im luftleeren Raum, sondern wir haben einen Grund. Manchmal ist uns der Grund bewusst, manchmal nicht. Häufig basieren unsere Handlungen auf Entscheidungen, die wir – auch wiederum bewusst oder unbewusst – getroffen haben. Entscheidungen wie: Was will ich überhaupt tun? Was ist mir wichtig? Welche Werte sind mir wichtig? Welche Rollen will ich wahrnehmen, welche muss ich wahrnehmen? Doch dann geht es weiter, jeden Tag aus Neue: Was tue ich jetzt? Was tue ich jetzt nicht? Wo beginne ich? Wo mache ich weiter? Wie gehe ich mit diesem um? Wie mit jenem?

Mit einem guten Zeitmanagement übernehmen Sie die Verantwortung für sich selbst, die eigene Entwicklung und die eigene Produktivität. Dazu sind bewusste Entscheidungen nötig. Treffen wir die nicht, werden wir von unseren Launen oder von den Entscheidungen anderer gesteuert.

Mit Entscheidungen das Steuer übernehmen

Jeder Tätigkeit liegt eine Entscheidung zugrunde, häufig unbewusst, idealerweise bewusst. Denn mit bewussten Entscheidungen haben wir unseren Tag eher im Griff. Natürlich kann uns niemand dafür eine Garantie geben, doch etwas kann ich Ihnen mit Sicherheit garantieren:

 Wer keine Entscheidungen trifft, für den werden Entscheidungen getroffen.

Mit einer Entscheidung trennen Sie zwei Dinge voneinander. Sie bejahen etwas und lehnen ganz viele andere Möglichkeiten ab:

> *Ich entscheide mich, jetzt an diesem Buch zu arbeiten, und damit dagegen, E-Mails zu beantworten, mit Kunden zu telefonieren, im Internet zu surfen und vieles mehr.*

In diesem Beispiel war es einfach: Das Buch zu schreiben ist momentan die Aufgabe mit der größten Wirkung. Häufig ist es aber nicht so klar. Wir wählen eine Möglichkeit aus und lehnen viele andere, sehr gute oder fast schon optimale Möglichkeiten ab. Das macht es häufig auch so schwierig, sich zu entscheiden. Ob dann die Möglichkeit, die wir gewählt haben, wirklich die beste war, zeigt sich erst im Nachhinein. Auch dazu ein Beispiel:

Sie nehmen an einer Konferenz teil. Während dieser Zeit können Sie keine Angebote schreiben, keine Dienstleistung erbringen oder keine Produkte herstellen. Trotzdem ist die Teilnahme an der Konferenz vielleicht eine gute Idee. Hier können Sie nämlich Kontakte zu interessanten Menschen knüpfen, die später zu Ihren Kunden werden. Ob das wirklich so passieren wird, wissen Sie zum Zeitpunkt der Entscheidung nicht, sondern erst viel später. Im Nachhinein erkennen Sie vielleicht, dass Sie lieber im Büro geblieben wären.

In den Wirtschaftswissenschaften taucht dieses Prinzip unter dem Begriff Opportunitätskosten auf: Vordergründig kostet es mich nichts, wenn ich ein Bürogebäude nicht optimal auslaste und einige Räume leer stehen. Doch dadurch entgehen mir Mieteinnahmen. Das sind klassische Opportunitätskosten, also entgangene Erträge oder – noch besser – entgangener Nutzen.

Solche Opportunitätskosten entstehen bei jeder Entscheidung. Dadurch, dass ich jetzt schreibe, kann ich keine neuen Aufträge akquirieren. Mir entgehen jetzt also vielleicht neue Einnahmen. Eine seriöse Entscheidung berücksichtigt dies.[1]

---

1 Haben Sie Mühe, Entscheidungen zu treffen? Dann holen Sie sich das Arbeitsblatt unter www.ivanblatter.com/klueger, das Ihnen hilft, schneller eine Entscheidung zu treffen.

Bleiben Sie bei Ihrer Entscheidung!

Diese Unsicherheit bei Entscheidungen – auch bei kleinen – müssen wir aushalten können. Grübeln wir ständig über getroffene Entscheidungen, ist die Gefahr groß, künftig gar keine Entscheidungen mehr zu treffen oder getroffene Entscheidungen ständig zu ändern. Diese Grübeleien führen häufig zum Aufschieben. Nehmen Sie deshalb als Grundsatz:

 Getroffene Entscheidungen werden ohne Not nicht geändert.

Passen Sie aber auf: Der Grat zur Sturheit ist schmal! Ändern sich die Bedingungen oder haben falsche Voraussetzungen zur Entscheidung geführt, dann muss sie natürlich angepasst oder wieder aufgehoben werden. Wo der Grat zur Sturheit wirklich liegt, ist schwer zu sagen. Das können Sie höchstens über kritische Reflexion, gesunden Menschenverstand oder Intuition herausfinden.

Entscheiden Sie zügig

Besonders Alltagsentscheidungen und viele persönliche, kleinere Entscheidungen müssen nicht lange reifen. Das bedeutet natürlich nicht, dass sie nicht wichtig wären. Stattdessen hat das mit der Tragweite der Konsequenzen und der natürlichen Entscheidungsmüdigkeit zu tun.

Jede Entscheidung kostet nämlich ein wenig Kraft – nicht zuletzt auch Willenskraft. Denn diese brauchen wir bei allem, was wir bewusst tun, um unsere Ziele oder die gewünschten Ergebnisse zu erreichen. Die Willenskraft wiederum ist wie ein Muskel. Sie kann trainiert werden (wie das geht, zeige ich Ihnen in einem späteren Kapitel) und sie kann ermüden. Je weniger Willenskraft wir haben, desto schwerer fallen uns Entscheidungen. Das ist die Entscheidungsmüdigkeit, die wir alle kennen.

Stellen Sie sich Ihre Willens- oder Entscheidungskraft als Topf vor. Im Verlauf des Tages schöpfen Sie bei jeder Entscheidung etwas aus diesem Topf. Irgendwann ist der Topf leer und Sie können sich nicht mehr entscheiden. Wobei: Auch keine Entscheidung zu treffen, ist eine Entscheidung – leider meistens nicht die beste.

Viele bekannte Persönlichkeiten kennen diese Entscheidungsmüdigkeit. Kein Wunder: Sie müssen ja auch sehr viel entscheiden. Deshalb treffen sie viele kleine Entscheidungen, besonders Alltagsentscheidungen, nicht mehr. Oder besser gesagt: Sie treffen diese Entscheidungen einmal – und bleiben dann dabei. Hier ein Beispiel:

Vom ehemaligen US-Präsidenten Barack Obama weiß man, dass er nur graue oder dunkelblaue Anzüge trägt. Er hat sich bewusst dafür entschieden und muss nicht mehr jeden Morgen vor dem Kleiderschrank stehen und sich überlegen: Welchen Anzug trage ich heute?

Keine Angst, Sie müssen Ihre Garderobe nicht verändern. Der Grundgedanke dahinter ist für uns alle nützlich. Es geht darum, die Entscheidungs- und Willenskraft für die wirklich bedeutsamen Entscheidungen aufzuheben. Deshalb ist es wichtig, Alltagsentscheidungen und viele persönliche, kleinere Entscheidungen schnell zu treffen.

Andere Entscheidungen brauchen eine gewisse Reifezeit, besonders wenn sie weitreichende Konsequenzen für Ihren Job, Ihr Unternehmen, Ihre Mitarbeiter oder Ihre Familie haben. Hier lohnt sich gründliches Nachdenken. Entscheiden Sie also im passenden Tempo, aber in jedem Fall so rasch wie möglich. Die Geschwindigkeit passt sich der Tragweite der Entscheidung an, ist jedoch nie niedriger als nötig.

Am Anfang stehen unsere Werte, Rollen und Ziele

Obschon Entscheidungen die Grundlage für unsere Arbeit und unseren Tag sind, stehen sie nicht im luftleeren Raum. Denn sie werden nie aus dem hohlen Bauch getroffen – ob wir uns dessen bewusst sind oder nicht. Auch intuitive Entscheidungen haben eine Grundlage: Mindestens unsere Werte und Rollen entscheiden mit.

Viele Entscheidungen ergeben sich direkt aus unseren Rollen: Sie haben vielleicht die Rolle „Chefin" und müssen deshalb entscheiden, wen Sie einstellen. Oder Sie haben die Rolle „Vater" und müssen deshalb mitentscheiden, auf welche Schule Ihr Kind gehen soll. Ohne diese Rollen kämen diese Fragen gar nicht auf Sie zu.

Für was oder wen Sie sich entscheiden, ist auch abhängig von Ihren Werten. Für diese haben Sie sich übrigens auch irgendwann einmal entschieden. Werte und Rollen beeinflussen also unsere Entscheidungen. Die Entscheidung liegt bei uns, ob wir diese bewusst treffen wollen oder nicht! Hier schließt sich der Kreis.

Dann kommt noch ein Drittes hinzu: Sobald wir etwas bejahen und damit auch viele andere Dinge ablehnen, nehmen wir eine Auswahl vor. Um auswählen zu können, müssen wir zunächst wissen, was wir überhaupt wollen. Oder: Wir müssen uns entscheiden, was wir überhaupt wollen und was unsere Ziele sind. Zu diesem Thema kommen wir detaillierter ab Seite 39.

Entscheiden heißt auch Nein sagen

Egal, wie viele Stunden Ihr Tag hätte: Sie werden nie genug Zeit für alles finden. Je mehr Zeit Sie haben, desto mehr werden Sie erledigen wollen und annehmen – und desto mehr Aufgaben erhalten Sie auch. Damit es nicht so weit kommt, ist Nein sagen unverzichtbar.

Nein sagen zu können, ist die Kunst, im richtigen Moment die richtige Entscheidung zu treffen. Nein sagen braucht Fingerspitzengefühl und den richtigen Ton, ist aber durchaus machbar. Sie dürfen sich in jedem Fall die Zeit nehmen, die Sie brauchen. Oft sagen wir vorschnell etwas zu, ohne genau zu überlegen, was das genau heißt. Wir lassen uns also ein wenig überrumpeln. Überlegen Sie also immer:

- Was muss ich da genau tun? Was wird erwartet?
- Möchte ich das tun?
- Habe ich genug Zeit, Energie und Lust?
- Was muss ich zurückstellen, wenn ich zusage?

Diese Zeit sollten Sie sich ruhig nehmen. Entweder während der andere noch da ist oder indem Sie klar sagen: „Ich muss einen

Moment darüber nachdenken. Kann ich Ihnen später Bescheid geben?" Selbst wenn Sie sofort eine Antwort geben müssen, können Sie einen kleinen Moment (10 bis 20 Sekunden) still überlegen.

Denken Sie an den Preis, den Sie für ein Ja zahlen müssen. Damit ist kein monetärer Preis in Euro gemeint, sondern beispielsweise:

- Weniger Zeit und Energie für ein anderes oder ein eigenes Vorhaben. Vielleicht auch weniger Zeit für die Menschen, die Ihnen wichtig sind.
- Mehr Stress, weil Sie ja vermutlich schon ausgelastet sind.
- Ärger darüber, schon wieder etwas zugesagt zu haben, das Sie eigentlich nicht wollen.
- Das Gefühl, ausgenutzt zu werden.

Natürlich stellt jeder mal die eigenen Interessen hinten an. Manchmal muss man das auch. Geschieht das aber regelmäßig, steigt der Preis für jedes Ja. Überlegen Sie sich also gut, ob Sie ihn bezahlen wollen. Oder ob Sie ihn in diesem Fall bezahlen müssen, weil es nicht anders geht.

Entscheiden Sie sich für ein Nein, dann sagen Sie es glasklar und freundlich. Begründen Sie Ihre Entscheidung kurz und sachlich, ohne sich zu rechtfertigen. Seien Sie dabei ehrlich, suchen Sie nie nach Ausreden oder Notlügen. Das kommt immer irgendwann zurück und schädigt Ihren Ruf nachhaltig.

Für den Empfänger ist es leichter zu akzeptieren, wenn Sie Alternativen vorschlagen. Etwa: „Nein, das geht nicht, aber wie wäre es mit X oder Y?" Oder: „Könnten wir nicht diese Aufgabe mit dieser Aufgabe verbinden?"

Möchten Sie zu einem Anliegen Ihres Vorgesetzten Nein sagen, dann bleiben Sie auch hier ehrlich. Zeigen Sie ihm die Folgen eines Ja auf (z. B. weniger Zeit für das andere wichtige Projekt), schlagen Sie eine Alternative vor oder bitten Sie offen um Hilfe bei der Aufgabe.

Meiner Erfahrung nach sind die meisten Menschen gesprächsbereit – auch Vorgesetzte oder Kunden. Niemand mag ein Ja, bei dem man schon sofort spürt, dass es nicht so gemeint ist oder nicht eingehalten werden kann.

Die Not-To-do-Liste

In jedem Zeitmanagement-Training geht es auch um die To-do-Liste. Sich für etwas zu entscheiden heißt, sich gegen viele andere Dinge zu entscheiden. Lassen Sie uns deshalb mal von dieser Seite her beginnen.

Zusätzlich zu Ihrer To-do-Liste kann nämlich eine Not-To-do-Liste sehr hilfreich sein. Erfolgreiche und hochproduktive Menschen entscheiden sich häufig nicht nur *für* die Dinge, die sie wollen, sondern genauso bewusst auch *gegen* viele Dinge, die sie nicht mehr wollen. Sie analysieren, was sie können, wo ihre Stärken liegen und was sie lieber bleiben lassen. Praktisch immer haben sie eine klare Vorstellung, wohin sie wollen und welche Ziele sie erreichen möchten. Alles, was sie daran hindern könnte, wird dann bewusst gestrichen und vermieden.

Das betrifft nicht nur Aufgaben, sondern häufig auch Gewohnheiten, die uns von den Zielen ablenken.

Übernehmen Sie ruhig dieses Prinzip und halten Sie einmal schriftlich fest, was Sie nicht mehr tun wollen. Meistens stehen dann auf so einer Not-To-do-Liste viele Gewohnheiten. Hier ein Beispiel:

- das Mailprogramm ständig offen lassen
- morgens früh sofort die E-Mails abrufen und beantworten
- Dinge (E-Mails, Briefe, Dokumente usw.) mehrfach in die Hand nehmen
- Dinge nicht ganz zu Ende bringen
- unklare Aussagen akzeptieren (Gegenfrage: „Wie ist das ganz genau?")
- auf Pausen verzichten
- aufs Frühstück verzichten
- auf ein Mittagessen verzichten
- im Urlaub arbeiten
- immer erreichbar sein
- sich ständig unterbrechen lassen

Viele dieser Punkte werden uns auch später noch begegnen. Das sind nämlich Gewohnheiten, die wir ablegen und durch bessere ersetzen sollten.

Tipp 1: Sorgen Sie für eine gute Basis

Wissen Sie, was die Super-Produktiven anders machen als wir? Sie haben bessere Einstellungen und Gewohnheiten. Vor allem wissen sie ganz genau, wohin sie wollen und was sie nicht wollen. Hier liegt das wahre „Geheimnis" einer hohen Produktivität – und nicht in Tools, Apps und Methoden.

Produktives Arbeiten als Wanderung

Stellen Sie sich vor, Sie gehen auf eine Wanderung. Sie wissen genau, wie weit Sie wandern können, wie schwierig die Wanderung sein wird und was Ihre Rolle ist. Vielleicht sind Sie zuständig für den richtigen Weg oder Sie tragen den gesamten Proviant für sich und Ihre Familie.

Sie planen Ihre Wanderung vorher und überlegen sich, wo Sie starten und bis wohin Sie wandern wollen. Diesen Weg zeichnen Sie in Ihre Wanderkarte ein – entweder auf einer Karte aus Papier oder in irgendeiner App auf Ihrem Smartphone. Vielleicht waren Sie sogar mal bei den Pfadfindern und packen natürlich auch einen Kompass ein. Ist die ganze Planung abgeschlossen, gehen Sie los.

Natürlich ist die Planung etwas ausführlicher, wenn es eine lange, schwere Wanderung wird, als für eine kleine Wanderung am Sonntagnachmittag. Die Vorbereitung ist der Wanderung angepasst. Gehen Sie hingegen einfach drauf los, laufen Sie vermutlich gleich viele Kilometer wie mit einem Plan, doch Sie nehmen einige

Umwege, verpassen vielleicht den Bus oder finden kein Restaurant, um einzukehren.

Produktives Arbeiten ist nichts anderes als eine Wanderung. Je größer die Tragweite Ihres Ziels, desto besser ist es, wenn Sie den Weg dorthin planen. Arbeiten Sie einfach drauf los, weil Sie kein Ziel, geschweige denn einen Plan haben, dann werden Sie irgendwo landen. Vermutlich werden Sie dann das tun, was andere von Ihnen wollen. Wer selbst keine Ziele hat, arbeitet an den Zielen anderer Menschen.

Bei der Arbeit nennt man dieses Vorgehen Fremdsteuerung. Sie lassen sich treiben, Sie tun das, was andere wollen, landen dann irgendwo, arbeiten vielleicht sehr viel und sind abends erschöpft, haben aber das Gefühl, nicht wirklich etwas bewirkt zu haben.

Je nach Job, den Sie haben, ist das auch bewusst so eingerichtet. Es gibt natürlich Arbeitsstellen, bei denen Sie auf Zuruf arbeiten. Die Fremdsteuerung steht dann sozusagen in der Jobbeschreibung. Solche Jobs sind klassischerweise am Empfang, im Kundendienst oder im Support zu finden. Hier werden Sie bewusst angestellt, um sich fremdsteuern zu lassen. Genau das ist Ihr Job!

Kommt ein Kunde, empfangen Sie ihn. Hat ein Kunde ein Problem mit Ihrem Produkt, dann kümmern Sie sich um ihn und das Problem. Funktioniert das Firmennetzwerk nicht, dann müssen Sie losgehen und das Problem beseitigen. Geschieht gar nichts, weil heute kein Kunde kommt oder kein Problem auftritt, dann haben Sie auch nicht wahnsinnig viel zu erledigen.

Das ist jetzt natürlich sehr schwarzweiß beschrieben. Arbeitspositionen, die weitgehend auf Zuruf arbeiten, kommen selten in reiner Form vor, sondern auch dort haben Sie Aufgaben mit einem Fälligkeitsdatum zu erledigen oder Projekte durchzuführen, die etwas länger laufen.

Je mehr Verantwortung Sie haben, desto weniger sind Sie fremdgesteuert und umso stärker wird von Ihnen erwartet, dass Sie die Fäden in die Hand nehmen. Dann ist es umso wichtiger, das größere Bild sehen zu können. Haben Sie Führungsverantwortung oder sind Sie Unternehmer, dann gilt das natürlich umso mehr. Doch selbst als normaler Angestellter sollten Sie das größere Bild kennen, weil es auch Sie motivieren kann.

Antoine de Saint-Exupéry, dem Autor der berühmten Geschichte „Der kleine Prinz", wird dieses Zitat zugeschrieben:

> *„Wenn du ein Schiff bauen willst, so trommle nicht Männer zusammen, um Holz zu beschaffen, Werkzeuge vorzubereiten, die Arbeit einzuteilen und Aufgaben zu vergeben, sondern lehre die Männer die Sehnsucht nach dem endlosen weiten Meer!"*

Natürlich genügt die Sehnsucht oder die Kenntnis des Ziels nicht, doch es ist ein wichtiger Baustein für produktives Arbeiten und für die Motivation.

Kompass und Karte

Ein gutes Zeitmanagement berücksichtigt beides, nämlich den Kompass und die Wanderkarte.

Der Kompass gibt Ihnen die generelle Richtung an:
- Was will ich mittel- bis langfristig überhaupt erreichen?
- Wohin will ich in meinem Leben?
- Was ist mir wichtig?
- Was ist mein Ziel, was ist meine Vision?[2]

Die Wanderkarte ist dann sozusagen der Plan, der Sie zu diesem Ziel oder zu Ihrer Vision bringt.

Denken Sie bei Zielen und Visionen nicht nur an das Zielvereinbarungsgespräch mit Ihrem Chef oder an die Unternehmensvision, sondern denken Sie an das, was Ihnen in Ihrem Leben wichtig ist. Das überschreitet natürlich die Grenze Ihrer Arbeit, doch Hand aufs Herz: Ist es nicht besser, wenn wir Arbeit als integralen und wichtigen Teil unseres Lebens sehen? Schließlich verbringen wir mindestens ein Drittel unseres Tages bei der Arbeit und wenn man alles darum herum noch dazu rechnet (Arbeitsweg, Mittagspause in der Kantine …), dann ist es ein noch größerer Anteil. Alles, was Ihre Arbeit betrifft, hat einen direkten Einfluss auf Ihr Leben und umgekehrt.

---

2 Unter www.ivanblatter.com/klueger können Sie ein Arbeitsblatt mit weiteren Fragen herunterladen, die Ihnen helfen, Ihren Kompass zu finden.

Ihre Rollen

Die eigenen langfristigen Ziele oder die Lebensvision zu erarbeiten, ist ein Projekt für sich. Das lässt sich nicht so nebenbei herausfinden, sondern benötigt Zeit und eventuell auch Begleitung durch einen Profi. Viel einfacher ist es dagegen mit Ihren Rollen.

Sie sind ja nicht einfach nur berufstätig und haben ein Privatleben. Sondern Sie haben verschiedene Rollen, die Sie ausfüllen wollen oder müssen, und zwar sowohl in Ihrem Job als auch in Ihrem Privatleben. Einige davon haben Sie freiwillig gewählt, andere wiederum sind Ihnen zugefallen. Stellen Sie sich die Rollen vor wie Hüte, die Sie je nach Situation tragen. Oder denken Sie an all die Bälle, die Sie jonglieren und in der Luft halten wollen.

Welche Rollen haben Sie?

Schreiben Sie einmal auf, welche Rollen Sie ausfüllen. Denken Sie dabei nicht nur an Ihren Job, sondern an Ihr gesamtes Leben. Halten Sie alle schriftlich fest. Diese kleine Übung soll Ihnen das Geflecht aufzeigen, in das Sie eingespannt sind. Sie hilft Ihnen, Klarheit zu gewinnen über all die Hüte, die Sie tragen, oder über all die Bälle, mit denen Sie jonglieren.

Dabei kann eine Liste wie diese entstehen:

- Vater
- Ehemann
- Freund
- Pate
- Präsident Fotoverein
- Mitglied Sportverein
- Arbeitskollege
- Sachbearbeiter
- Empfangsmitarbeiter
- Ansprechperson für drei Auszubildende
- usw.

Ganz schön beeindruckend, was da alles zusammenkommt, nicht wahr? In einem zweiten Schritt gehen Sie die Liste durch und überlegen sich, ob Sie noch alle Rollen ausfüllen wollen oder können. Nicht jede Rolle, die Sie auszufüllen haben, ist freiwillig gewählt oder Ihnen überhaupt bewusst. Einige Rollen bringen weitere Unterrollen mit sich, wie die Rolle des Vaters oder der Mutter. Hier sind Sie gleichzeitig Freund, Spielkamerad, Erzieher, Vorbild, Nachhilfelehrer, Tröster, Krankenschwester, Koch und vieles, vieles mehr.

Vielleicht haben Sie ein paar Rollen auf Ihrer Liste, die Sie nicht gerne innehaben und die Sie lieber abgeben möchten. Das ist nicht bei allen Rollen möglich. Doch es kann durchaus sein, dass Sie aufgrund der Übung ein paar Rollen abgeben werden. Vielleicht nicht sofort, doch haben Sie solche Rollen identifiziert, dann sollten Sie den Abschied darauf auch langsam vorbereiten.

> *Als ich das erste Mal all meine Rollen aufgeschrieben habe, habe ich schnell erkannt, dass ich gar nicht alles in der Qualität leisten kann, wie ich das möchte. Also habe ich konsequent ein paar meiner Rollen wieder abgegeben. So habe ich beispielsweise früher bei größeren Festen in meiner Kirche (wie Erstkommunion oder Firmung) fotografiert. Diese Rolle abzugeben war nicht einfach, weil mir das sehr viel Spaß machte. Doch ich war an einem Punkt, wo einfach nicht mehr alles möglich war.*

Ihnen geht es vielleicht genauso. Seien Sie also mutig und verabschieden Sie sich von ein paar Rollen, wenn Sie das Gefühl haben, dass Sie sich überfordert haben. Gehen Sie behutsam vor und verlassen Sie die Rolle nicht Knall auf Fall, sondern lassen Sie sich und den anderen genug Zeit für den Übergang. Mittelfristig lohnt sich das sehr für Sie und kann zu einer Befreiung führen.

Suchen Sie Ihre Gründe

Die eigenen Rollen zu klären, war der erste Schritt. Wenn Sie an all die unglaublichen Dinge denken, die Sie in Ihrem Leben schon erreicht haben: Weshalb haben Sie die erreicht?

Ich kann Ihnen sagen weshalb: Sie hatten einen guten Grund dafür. Vielleicht war Ihnen der Grund nicht bewusst oder er lag in der Natur der Dinge. Haben Sie Kinder, dann wissen Sie, was ich meine: Die unzähligen schlaflosen Nächte haben Sie irgendwie weggesteckt und weitergemacht, weil Sie Ihre Kinder lieben und Sie sie gut auf das Leben vorbereiten wollen. Oder Sie haben sich durch Ihre Ausbildung durchgebissen, weil Sie den Abschluss wollten, selbst wenn es nicht immer nur Spaß gemacht hat. Oder Sie gehen tapfer regelmäßig zum Sport, weil Sie die überschüssigen Pfunde loswerden wollen.

Verlieren Sie hingegen den Grund aus den Augen oder ist er Ihnen plötzlich nicht mehr wichtig, dann beginnen Sie zu zweifeln, zu grübeln, aufzuschieben und dann schließlich aufzugeben.

Eines der besten Mittel, um durchzuhalten – besonders wenn es mal schwierig wird – und um wirklich produktiv zu arbeiten, ist, die eigenen Gründe zu kennen.

Nehmen Sie Ihre wichtigsten Rollen und fragen Sie sich: Weshalb ist mir diese Rolle so wichtig? Weshalb tue ich das eigentlich?

Herr Hartmann ist selbstständiger Unternehmer. Er muss (oder besser: darf!) sich jeden Tag aus eigenem Antrieb an den Schreibtisch setzen. Dazu benötigt er normalerweise überhaupt keine Disziplin, denn er weiß genau, weshalb er das tut. In letzter Zeit hat er allerdings leider etwas den Schwung verloren und er hat Mühe, seinen Pflichten nachzukommen. In einem Coaching habe ich ihn dazu eingeladen, sich die Zeit zu nehmen und hundert Gründe aufzuschreiben, weshalb er tut, was er tut.

▶

Das war keine einfache Übung für ihn. Die ersten paar Gründe waren natürlich schnell gefunden, doch hundert Stück sind schon eine stolze Zahl. Je mehr er darüber nachdenken musste, desto mehr Gründe fand er, die tief in ihm verborgen waren. Am Schluss hatte er neben den naheliegenden Gründen (wie z. B. „mein eigener Chef sein", „höheres Einkommen" oder „morgens gerne aufstehen") auch einige Gründe auf der Liste, die ihn wirklich immer wieder aufs Neue motivieren (wie z. B. „Talente fördern", „Funkeln in den Augen der Kunden" oder „Menschen weiterbringen").

Wenn Sie Spaß an solchen Listen haben und gerne ein wenig tiefer graben, dann sollten Sie diese Übung auch einmal durchführen. Falls Ihnen das zu weit geht, dann machen Sie die verkürzte Form und überlegen Sie einfach frei, weshalb Sie tun, was Sie den ganzen Tag tun. Sie können sich auf Ihren Beruf konzentrieren oder Sie können sich Ihr gesamtes Leben anschauen. Halten Sie so oder so Ihr Ergebnis schriftlich fest. Wenn es einmal nicht so rund läuft, können Sie immer wieder darauf schauen und sich bewusst machen, weshalb es sich lohnt, eben doch dranzubleiben.

Herr Hartmann war von der Übung so begeistert, dass er sich seine hundert Gründe auf einen ganz kleinen Zettel ausdruckte, den er immer in seinem Geldbeutel trug. So konnte er sich eine kleine Motivationsspritze holen, wenn er es nötig hatte.

Was ist Ihnen wichtig?

Beide Übungen (die Rollenübung und die Liste mit Ihren Gründen) geben Ihnen einen guten Hinweis darauf, was Ihnen wirklich wichtig ist. Gehen Sie jetzt einen Schritt weiter und fragen Sie sich direkt: Was ist mir eigentlich wichtig – im Job und im Leben?

Sie kennen vielleicht das Zitat, das Mark Twain zugeschrieben wird:

> *„Als sie das Ziel aus den Augen verloren hatten,*
> *verdoppelten sie ihre Anstrengungen."*

Mark Twain bringt genau auf den Punkt, weshalb es so bedeutsam ist, sich auf das zu konzentrieren, was einem wirklich wichtig ist. Vielleicht müssen wir nicht unbedingt ein ganz konkretes Ziel haben, doch wir sollten in jedem Fall wissen, was für uns von Bedeutung ist. Verlieren wir das aus den Augen oder können das in unserer aktuellen Situation nicht mehr leben, ist es sehr unwahrscheinlich, dass wir produktiv, geschweige denn zufrieden arbeiten.

Was ist Ihnen also wichtig? Machen Sie einen langen Spaziergang, horchen Sie in sich hinein und suchen Sie Antworten auf diese Frage. (Körperliche Bewegung bringt meist auch Bewegung im Innern mit sich.)

Sobald Sie Ihre Antworten haben, legen Sie diese Liste neben Ihren Kalender und überprüfen Folgendes: Verbringen Sie tatsächlich genug Zeit mit den Dingen, die Ihnen wirklich wichtig sind?

Das ist natürlich nicht immer möglich. Doch kommen die wirklich wichtigen Dinge auf Dauer zu kurz, werden Sie kein zufriedenes Leben führen. Dann lohnt es sich, etwas zu verändern.

Herr Hartmann machte auch diese Übung. Er stellte dabei mit Schrecken fest, dass die Liste mit den ihm so wichtigen Dingen wenig mit seinem Kalender übereinstimmte. Natürlich kann es keine eins-zu-eins Übereinstimmung geben, doch er realisierte, wie wenig Zeit er sich eigentlich für seine Familie nahm, obwohl sie ihm sehr wichtig war. Genauso fand sein Engagement in seiner Gemeinde, was ihm auch sehr wichtig war, doch kaum Eingang in den Kalender.

Er versuchte nach dieser Einsicht konsequent, mehr Arbeit abzugeben, Aufträge abzulehnen, generell öfter „Nein" zu sagen und sich so Zeit für andere Dinge freizuschaufeln.

All die Gedanken in diesem Kapitel berühren unser Innerstes. Genau deshalb sind sie so wichtig. Produktives Arbeiten beginnt nicht erst am Schreibtisch, sondern weit früher. Schaffen Sie sich eine gute Basis mit den Übungen aus diesem Kapitel, dann können Sie ganz neue Stufen auch bei Ihrer Arbeit erreichen. Es lohnt sich, hier dranzubleiben!

Tipp 2:
Verlassen Sie sich nicht auf Ihr Gehirn

Weshalb gibt es unendlich viele Methoden, Apps und Bücher über die To-do-Liste? Weil wir so viel zu tun haben? Ja, letztlich schon. Doch eigentlich gibt es so viele Tipps zur Aufgabenliste, weil wir es offenbar nicht schaffen, unsere Aufgaben im Kopf zu behalten. Kein Wunder! Denn das liegt nicht nur an der Menge Aufgaben, die wir haben (oder zu haben meinen), sondern das liegt besonders an unserem Gehirn. Unser Gehirn ist nämlich eine ganz schlechte externe Festplatte. Trotz Gedächtnistraining und Memotechniken tendieren wir dazu, alles Mögliche zu vergessen. Das gilt sogar für die wichtigen Dinge und die genialen Ideen.

Kennen Sie das auch? Sie stehen unter der Dusche und Ihnen fällt plötzlich ein, dass Sie heute unbedingt Frau Meier anrufen sollten. Oder Sie haben eine echt gute Idee für das heutige Meeting oder Ihren wichtigsten Kunden. Der Einfall ist so gut, dass Sie überzeugt sind, ihn nicht zu vergessen. Später dann im Büro wissen Sie nur noch: „Da war doch was …" So sehr Sie sich auch bemühen, können Sie sich beim besten Willen nicht mehr an den genialen Einfall erinnern. Vielleicht erinnern Sie sich plötzlich wieder, doch selten, wenn Sie am Schreibtisch sitzen, sondern wenn Sie entspannt sind: nach Feierabend im Zug, beim Essen mit der Familie oder am Abend auf dem Sofa.

Solche Einfälle sind mentale Unterbrechungen mit denselben Folgen wie reale Unterbrechungen wie z. B. ein Anruf oder so. Sie reißen uns aus der aktuellen Tätigkeit heraus und unsere Konzentration bricht zusammen.

Schwacher Trost: Das ist völlig normal, das geht allen Menschen so. Springt ein Einfall kurz auf und wir halten ihn nicht sofort fest, verschwindet er wieder. Schließlich landet er ja nur im Kurzzeitgedächtnis. Gelingt es uns nicht, ihn ins Langzeitgedächtnis zu schieben, fällt er nach kurzer Zeit wieder aus unserem Gehirn heraus. Unser Gehirn ist auch nicht dafür gemacht, sondern es ist zum Denken da. Es ist dafür gemacht, Zusammenhänge zu erkennen, kreativ zu sein, nachzudenken und vieles mehr.

Können wir uns also nicht auf unser Gehirn als Speichermedium verlassen, gibt es nur ein Gegenmittel. Dieses ist so banal wie unglaublich wirksam: Gewöhnen Sie sich an, alle Einfälle sofort zu notieren. Sobald er notiert ist, können wir unseren Kopf entlasten und er wird uns auch nicht immer wieder zu den ungünstigsten Zeitpunkten an den Einfall erinnern.

Das erste Mal wird der Einfall natürlich kommen, wenn er kommt. Seien Sie also darauf vorbereitet, dass Ihnen zu allen möglichen Zeiten etwas einfällt.[3] Die Frage ist nur, was es heißt, vorbereitet zu sein. Das heißt nichts anderes als: Sie können garantieren, dass Sie den Input nicht vergessen und zeitnah nutzen können. Konkret funktioniert das in zwei Schritten:

1. Tragen Sie immer etwas zum Schreiben bei sich.
2. Gewöhnen Sie sich an, diese Notizen regelmäßig durchzugehen und an den richtigen Ort einzusortieren.

---

3 Es gibt verschiedene typische Situationen, in denen Ihnen etwas einfällt. Unter www.ivanblatter.com/klueger können Sie ein Arbeitsblatt anfordern, das Ihnen hilft, für diese Situationen eine Lösung zu finden.

Lassen Sie sich von zwei einfachen Grundsätzen leiten: Was nicht aufgeschrieben ist, existiert nicht. Alles, was Sie vergessen können, werden Sie auch vergessen.

Immer etwas zum Schreiben bei sich tragen

Wie oder womit Sie Einfälle festhalten, spielt zunächst keine Rolle. Achten Sie auf drei Punkte:

- Das Instrument muss schnell einsatzbereit sein. Der Laptop in der Aktentasche ist das nicht, das Notizbuch mit Stift oder das Smartphone hingegen schon.
- Das Instrument muss Ihnen Spaß machen. Es gibt Menschen, die gerne ein Stichwort auf einen Zettel kritzeln. Dann gibt es andere Menschen, die Freude an digitalen Tools haben. Nutzen Sie ein Instrument, das Sie gerne nutzen und das Ihnen Freude macht.
- Nutzen Sie so wenige Instrumente wie möglich. Je mehr Apps und Notizbücher Sie nutzen, desto größer ist die Gefahr sich zu verzetteln (im wahrsten Sinne des Wortes). Es gibt nur eine Ausnahme, die ich Ihnen weiter unten erkläre.

Das einfachste und schnellste Instrument ist nach wie vor das älteste: Papier und Stift. Im Idealfall nutzen Sie dabei ein Notizbuch, das Sie immer bei sich haben. So sind alle Einfälle an einem Ort gesammelt. Sollten Sie es einmal nicht dabei haben, finden Sie problemlos ein Stück Papier und einen Stift. Das ist der große Vorteil von diesem Instrument.

Trotzdem liegt es nicht allen. Manche halten Einfälle lieber digital fest, nicht zuletzt auch wegen der Gefahr, sich zu verzetteln. Häufig eignet sich auch eine Kombination aus verschiedenen Instrumenten.

Ihr Smartphone

Sie haben mit Sicherheit immer Ihr Smartphone bei sich. Weshalb also nicht auch das Smartphone zum Notieren nutzen? Achten Sie allerdings darauf, eine sehr einfache App zu nutzen. Denn die Hürde, etwas im Smartphone zu notieren, ist schon hoch genug: Sie müssen es aus der Tasche ziehen, entsperren, vielleicht die App suchen, dann diese starten und erst jetzt können Sie notieren.

Die Hürde allein sorgt manchmal dafür, dass wir darauf verzichten, die Notiz zu machen. Ist die App dann auch noch kompliziert oder bedienerunfreundlich, dann werden Sie vermutlich weniger konsequent notieren, als es gut ist.

Sprachassistenten

Egal, welches Smartphone Sie nutzen, mit hoher Wahrscheinlichkeit bringt Ihr Gerät einen Sprachassistenten mit. Damit können Sie sehr schnell und einfach Dinge festhalten. Aktivieren Sie den Sprachassistenten (beim iPhone mit „Hey Siri", bei Android mit „OK Google", bei einem Windows Phone mit „Hey Cortana") und sprechen Sie „Notieren" oder „Neue Notiz" gefolgt von Ihrem Einfall. Schon landet die Idee im Standard-Notizbuch Ihres Smartphones.

So können Sie zu jeder Zeit schnell und einfach Einfälle festhalten, selbst wenn Sie keine Hand frei haben (z. B. beim Autofahren). Zugegeben: Sind Sie zu Fuß unterwegs oder auf einer Veranstaltung, mag diese Methode etwas merkwürdig anmuten, doch Sie können in diesen Fällen ja auf das herkömmliche Notieren zurückgreifen.

Nebenbei: die Sprachassistenten gibt es auch für Ihren Computer (Siri für Mac ab macOS Sierra, Cortana für Windows ab Windows 10).

Die eigenen Visitenkarten

Es gibt viele Situationen, in denen es nicht angebracht oder anständig wäre, das Smartphone zu zücken, um einen Einfall zu notieren. Etwa bei einem Umtrunk oder während Sie sich mit jemandem unterhalten. In diesen Fällen können Sie auf ein Notizbuch zurückgreifen. Häufig liegt das aber im Auto oder auf dem Schreibtisch. Deshalb gibt es eine gute Alternative: Nutzen Sie Ihre eigenen Visitenkarten!

Sie haben bestimmt immer Visitenkarten bei sich. Die bestehen aus sehr festem Papier (ideal zum Schreiben, selbst wenn Sie stehen) und haben meistens genug freien Platz (evtl. auf der Rückseite). Einen Stift haben Sie bestimmt auch dabei oder Sie können schnell einen ausleihen. Schon sind Sie bereit, auch in solchen Situationen rasch einen Gedanken zu notieren, ohne Ihren Gesprächspartner zu düpieren.

ALLZEIT BEREIT

Weiter oben habe ich Ihnen empfohlen, so wenig Instrumente wie möglich zu nutzen, dabei aber eine Ausnahme angekündigt. Die Ausnahme ist die hier: Legen Sie einfach schon Papier und Stift an den Orten bereit, an denen Sie sich häufig aufhalten.

Beim Schreibtisch ist das völlig normal und logisch, doch Sie können auch beim Esstisch, neben dem Sofa oder in der Bettkommode Papier und Stift parat legen. Das sind typische Orte, an denen Ihnen vieles einfällt. Legen Sie danach die Zettel mit den Dingen, die beruflich relevant sind, in Ihre Tasche oder Mappe. Ihre privaten Einfälle legen Sie am besten zur Post, damit Sie später dann alles abarbeiten können.

Arbeiten Sie Ihre Einfälle regelmäßig ab

Einfälle festzuhalten ist eines, sie danach nicht trotzdem zu vergessen, weil sie irgendwo in einer Tasche verschwunden sind, etwas anderes. Die Notizen mit den Einfällen später geordnet und systematisch abzuarbeiten, ist genauso wichtig, wie Einfälle sofort festzuhalten. Dabei spielt es keine Rolle, ob Sie Ihre Einfälle auf Papier oder digital festhalten. Gewöhnen Sie sich unbedingt eine Routine an, sodass Sie mindestens einmal pro Woche, noch besser alle zwei bis drei Tage Ihre Notizen abarbeiten.

Das ist keine Hexerei – im Gegenteil. Denken Sie nur an Ihre normale Briefpost und wie Sie die abarbeiten. Sie gehen einmal pro Tag zum Briefkasten oder zu Ihrem Brieffach in der Firma, nehmen alle Post heraus, setzen sich an Ihren Tisch, nehmen jeden Brief einzeln in die Hand und entscheiden dann, was mit ihm zu geschehen hat. Sie erledigen die Dinge nicht sofort, sondern Sie arbeiten sie ab, d. h. Sie sortieren sie. Viele Möglichkeiten, was Sie mit einem Brief machen können, gibt es dabei gar nicht.

Genauso bei den Notizen. Setzen Sie sich also zwei bis drei Mal pro Woche hin, nehmen Sie all Ihre Notizen und gehen Sie eine Notiz nach der anderen durch. Sie haben nur vier Möglichkeiten, was mit einer Notiz geschehen kann:

- **Sie reagieren sofort.** Vielleicht haben Sie eine Telefonnummer kurz festgehalten. Die können Sie jetzt in Ihr Adressbuch einpflegen. Oder Sie haben jemandem einen Link versprochen. Diese E-Mail schreiben Sie am besten auch gleich. Nehmen Sie folgende Faustregel: Dauert etwas höchstens zwei Minuten, um es zu erledigen, dann tun Sie es sofort.

- **Sie schieben es weiter.** Vielleicht haben Sie etwas notiert, was Sie den Kollegen fragen müssen. Oder Sie können etwas an einen Mitarbeiter delegieren oder an sonst jemanden in Ihrer Firma, der besser für die Aufgabe geeignet ist. Oder Sie brauchen eine Auskunft vom Chef. All das sind Beispiele von Dingen, die Ihnen eingefallen sind, die Sie aber nicht allein lösen können, weil Sie etwas von einem anderen Menschen brauchen. Leiten Sie auch das jetzt schon beim Abarbeiten in die Wege. Schreiben Sie rasch eine E-Mail oder rufen Sie kurz an.

- **Sie verschieben es.** Nehmen wir an, Sie haben einen Einfall, um den Sie sich jetzt nicht kümmern können (weil es zu lange dauern würde) oder nicht kümmern wollen (z. B. eine Idee für irgendwann einmal). Dann gehört der Einfall entweder als Aufgabe auf Ihre To-do-Liste oder als Idee auf eine Ideenliste. Auch bei Ideen ist es sehr nützlich, sie an einem Ort zu sammeln. Wir sind kreative Menschen und haben viele Ideen. Es wäre schade, wenn sie verloren gehen würden, nur weil wir gerade keine Zeit oder Kapazität haben, sie umzusetzen. Führen Sie also eine Liste mit Ihren Ideen, die Sie dann vielleicht später umsetzen (oder wieder streichen). Verschieben ist übrigens nicht zwangsläufig aufschieben. Eine Aufgabe zu verschieben, weil andere Dinge wichtiger sind, ist ein völlig legitimes Mittel im Zeitmanagement. Aufschieben hingegen heißt, dass ich eine Aufgabe nicht angehen will, weil sie bei mir irgendein unangenehmes Gefühl auslöst.

- **Sie werfen die Notiz weg** oder löschen sie. Gut möglich, dass der Einfall schon nicht mehr relevant ist, weil Sie die Aufgabe dahinter schon erledigt haben. Oder vielleicht ist Ihre Idee doch nicht so gut, wie Sie zu Beginn dachten.

Mehr Möglichkeiten gibt es nicht. Das ist alles, was Sie mit einer Notiz tun können. Dieselben vier Möglichkeiten haben Sie übrigens auch, wenn es um das Abarbeiten Ihrer Post oder Ihres E-Mail-Posteingangs geht. Hier kommt höchstens noch eine fünfte Möglichkeit hinzu, nämlich das Ablegen. Das ist aber schon alles. Mit diesem simplen Schema können Sie alles abarbeiten, was Ihre Welt betritt.

Tipp 3: Weniger ist mehr

Zeitmanagement wird häufig mit Aufgabenlisten, Ablage, Termin-kalender, Planung, E-Mails und vielem mehr gleichgesetzt. All das muss man angeblich perfekt im Griff haben, um seine Aufgaben und sogar sein Leben richtig zu managen. Ist das aber wirklich so? Besteht hier nicht eher die Gefahr, dass das Zeitmanagement oder die Arbeitsorganisation zusätzlich noch Arbeit aufbürdet oder Zeit kostet? Zeit, die Sie ja gerade nicht haben?

Eine gute Arbeitsorganisation ist zweifellos wichtig, doch genauso wichtig sind die anderen Tipps aus diesem Buch. Viele Dinge, die das traditionelle Zeitmanagement über die Aufgabenliste löst, erübrigen sich sogar, wenn Sie die anderen Tipps hier auch berück-sichtigen. Ein kleines Beispiel:

Wenn Sie wissen, was Ihnen wichtig ist, haben Sie starke Gründe für Ihr Tun, dann brauchen Sie keine so detaillierte Aufgabenliste mehr. Denn Sie wissen ganz genau, was bei Ihrer Arbeit oder sogar in Ihrem Leben im Zentrum steht und darauf sind Sie ganz natürlich fokussiert. Oder wenn Sie so viele Dinge wie möglich standardisieren oder auto-matisieren (dazu mehr ab Seite 124), kommen Sie gar nicht mehr auf die Aufgabenliste oder höchstens als kleines Stich-wort.

Besonders Aufgabenlisten werden häufig überschätzt. Natürlich helfen sie dabei, die Übersicht zu behalten. Doch mindestens so wichtig sind die anderen Themen aus diesem Buch hier.

Gleichzeitig wird häufig ein gutes Zeitmanagement auch unterschätzt. Die Methoden sind keine Hexerei, müssen aber umgesetzt werden. Sie wissen bereits, dass das eine Sache erfolgreicher Einstellungen und Gewohnheiten ist und weniger von Apps oder Methoden.

Methodenvielfalt im Zeitmanagement

In den meisten Büchern und Seminaren rund um Zeitmanagement lernen Sie viele Abkürzungen kennen: ABC, ALPEN, GTD, Eisenhower, SMART und vieles mehr wird uns empfohlen, um die Dinge wirklich in den Griff zu bekommen. Wir sind dann eingeladen, der Methode ganz genau zu folgen, damit sie auch funktioniert.

Das klappt – manchmal. Leider gibt es kein Zaubermittel im Zeitmanagement, ganz einfach weil wir alle unterschiedliche Menschen sind. Wir haben unsere Vorlieben und Charakterzüge, unser Denken ist nicht einheitlich und wir sprechen auf verschiedene Methoden unterschiedlich an. Viele Zeitmanagement-Techniken richten sich vor allem an die rationalen Menschen. Wer eher ein kreativer oder leicht chaotischer Mensch ist, hat dann Mühe, diese strukturierten, streng logischen Methoden tatsächlich umzusetzen und zu leben.

Viele Techniken mögen tatsächlich sehr gut durchdacht sein und funktionieren. Allerdings ist der Zeitaufwand dafür erheblich. Sie funktionieren nur dann, wenn man ihnen ganz genau folgt. Haben Sie aber ein Zeitmanagement-Problem, haben Sie per definitionem zu wenig Zeit. Ein gutes Zeitmanagement muss nebenbei laufen. Es muss uns die Arbeit erleichtern und nicht zusätzlich Arbeit aufbürden. Macht Ihnen eine Methode zusätzlich noch nicht einmal Spaß, dann werden Sie sie nicht lange genug umsetzen können.

Ich gehe sogar so weit zu sagen, dass eine Methode zu komplex ist, wenn sie nicht auf einer DIN A4-Seite vollständig erklärt werden kann. Eine gute Arbeitsorganisation darf nie kompliziert werden, sonst versagt sie, denn sie soll uns Freiraum schaffen. Eigentlich ist es ganz einfach:

 Ein simples System, das mir heute hilft, ist jedem komplexen System überlegen, das mir morgen nach langer Einrichtung vielleicht hilft.

Ausschlaggebend ist also die sofortige Umsetzung, nicht das perfekte, ausgeklügelte System mit der ausgefeiltesten Software auf dem Markt, das aber frühestens morgen fertig eingerichtet ist und vielleicht eben in Ihrem Fall doch nicht hilft. Eine sofortige, pragmatische Lösung, die mit der Zeit weiter verfeinert werden kann, ist das Mittel der Wahl. Schnelles, entschlossenes Handeln im Zeitmanagement schlägt jedes Philosophieren über die perfekte Lösung.

Der Gradmesser für den Erfolg einer Methode ist die Praxis, und zwar Ihre Praxis. Bewährt sich Ihre Praxis in Ihrem Alltag, widerspricht aber sämtlichen Methoden und Tipps (auch aus diesem Buch), dann ist das Grund genug, die Methoden anzupassen, doch sicher nicht Ihre Praxis. Ihre funktionierende Praxis schlägt jede Methode und Theorie.

Natürlich gibt es ein paar simple Grundsätze, die ich Ihnen empfehle. Genauso, wie Sie ein Werkzeug brauchen, um einen Nagel in die Wand zu schlagen. Der Grundsatz wäre hier: Das Werkzeug muss gut und stabil in der Hand liegen. Es darf nicht zu schwer sein, sollte trotzdem eine gewisse Masse mitbringen, damit es seinen Zweck erfüllt. Ob Sie den Nagel mit einem Klauenhammer, einem Schlosserhammer oder sogar einem Faustkeil oder einem Stein einschlagen, ist nebensächlich, solange das Werkzeug dem Grundsatz folgt.

Genauso im Zeitmanagement: Es gibt ein paar sehr empfehlenswerte Grundsätze. Die müssen sehr einfach umzusetzen sein und rasch ihre Wirkung zeigen. In diesem Kapitel finden Sie ein paar dieser Grundsätze. Wie Sie sie umsetzen, ist jedoch Ihnen überlassen. Hauptsache, die Umsetzung passt zu Ihnen, Ihren Vorlieben und Ihrer Art. Gut ist, was bei Ihnen funktioniert.

Grundsatz 1: Immer nur ein Hilfsmittel

Der Grundsatz ist logisch und banal: Nutzen Sie für jeden Bereich des Zeitmanagements genau ein Tool oder Hilfsmittel, also für Ihre Termine nur einen Kalender und für Ihre Aufgaben nur eine To-do-Liste.

Obwohl der Grundsatz eigentlich sofort einleuchtet, wird er doch nicht immer gelebt. Frau Peters war meine erste Coaching-Kundin. Mit ihr war es fast unmöglich, einen Termin zu finden. Kein Wunder, hatte sie doch drei Kalender: ihren persönlichen Kalender, einen geschäftlichen Kalender und den Familienkalender am Kühlschrank. Wollte man mit ihr einen Termin finden, hatte sie garantiert mindestens einen der Kalender nicht dabei. Die erste Maßnahme mit ihr bestand also schlicht und einfach darin, nur einen Kalender zu nutzen.

Möglicherweise lächeln Sie über dieses Beispiel. Doch schauen Sie sich mal um: Nutzen Sie wirklich für jeden Bereich nur ein einziges Hilfsmittel?

Besonders bei der Aufgabenliste sehe ich viele Menschen, die sich komplett verzetteln: Die eine Aufgabe steht auf einem Post-it am Bildschirm, die nächste ist irgendwo in einem Notizbuch notiert (z. B. mitten in den Notizen zu einem Meeting), dann gibt es noch ein paar Aufgaben in einer E-Mail im Posteingang und schließlich sind ein paar Aufgaben in den Stapeln auf dem Schreibtisch eingegraben.

Nutzen Sie nur *einen* Kalender, *eine* Aufgabenliste, *ein* Notizbuch (oder eine Notiz-App) und *ein* Adressbuch. Durch diese simple Maßnahme wird Ihre Übersicht bereits deutlich steigen. Natürlich können Sie mit Unterteilungen arbeiten, also z. B. mit verschiedenen Kategorien auf der Aufgabenliste. Doch sollten Sie darauf achten, dass Sie nur ein Instrument dafür nutzen.

Startpunkt: Ihre bisherige Aufgabenliste

Egal, wo Sie stehen, Sie starten nicht bei Null. Irgendwie sind Sie ja bisher organisiert. Vielleicht haben Sie schon eine Aufgabenliste, entweder in Ihrem Kopf, auf einem Blatt Papier, auf vielen Zetteln auf Ihrem Schreibtisch oder Bildschirm oder in irgendeinem Tool.

Damit wollen wir beginnen. Schließlich ist nicht alles nutzlos, was Sie bislang nutzen. Im Gegenteil: Sie dürfen sich ruhig auch einmal bewusst machen, dass sehr vieles funktioniert! Vielleicht nicht alles und einiges könnte besser werden, doch viele Dinge funktionieren heute schon hervorragend.

Machen Sie einfach die folgenden kurzen Aufgaben. Am Schluss haben Sie schon mal Ihre bestehende Aufgabenliste verbessert, sodass sie Ihnen tatsächlich etwas nützt.

Versteckte Aufgaben finden

Eine der Hauptfunktionen der Aufgabenliste ist die Übersicht. Sobald Sie sich verzetteln, wird es schwierig, produktiv zu arbeiten. Nehmen Sie sich also ein wenig Zeit und suchen Sie Ihre versteckten Aufgaben. Vielleicht liegt noch irgendwo in einem der Stapel oder im Kalender oder in irgendeiner Notiz eine Aufgabe. Schauen Sie auch Ihre E-Mails durch und kontrollieren Sie, ob dort noch eine Aufgabe versteckt ist. Tragen Sie all diese Aufgaben zusammen.

Nehmen Sie dann all Ihre bestehenden Aufgabenlisten, falls Sie mehrere haben, und tragen Sie sie auch zusammen. Eventuell haben Sie ein paar Aufgaben auf einem Post-it-Zettel stehen oder

Sie haben verschiedene Zettel mit Aufgabenlisten. Sammeln Sie alle Aufgaben an einem physischen Ort. Danach machen Sie die beiden anderen Übungen.

Kürzen

Das hier ist eine befreiende Übung. Jetzt haben Sie all Ihre Aufgaben vor sich. Es wird Ihnen schnell auffallen, dass da einige schon längst erledigte Aufgaben oder sogar Ladenhüter drauf stehen. Ladenhüter sind die Aufgaben, die seit Wochen und Monaten da sind, aber die Sie noch nicht angegangen sind. Das sind meistens genau die Aufgaben, die wir auch niemals erledigen werden.

Gehen Sie also durch alle Aufgaben und streichen Sie ...
● was nicht mehr aktuell ist,
● was Sie nicht mehr interessiert,
● was überholt ist,
● was sonst jemand erledigt hat,
● was Sie problemlos weglassen können.

Ist es nicht ein schönes Gefühl zu sehen, wie die Liste kürzer wird?

Mit Herrn Scholz, dem Geschäftsführer von weiter oben, habe ich diese Übung auch gemacht. Er nutzte eine Software für seine Aufgaben und hatte unzählige Aufgaben, die schon längst fällig waren. Eine Aufgabe war sogar schon seit 56 Tagen fällig. Es ging darum, bei einem Interessenten nachzufragen, was er von einem Angebot halte. Herr Scholz musste ehrlicherweise eingestehen, dass soviel Zeit seit dem Angebot vergangen war, dass er jetzt auch nicht mehr nachfragen konnte. Trotzdem stand die Aufgabe auf seiner Liste und zwar ganz oben (weil sie schon am längsten fällig war), was ihn jeden Tag gestresst und unter Druck gesetzt hat. Erledigt hat er sie trotzdem nicht. Stellen Sie sich das befreiende Gefühl vor, als er die Aufgabe einfach streichen konnte. Natürlich war das nicht optimal, denn schließlich hat er eine Geschäftsgelegenheit vergeben, doch in seiner Situation war es nur realistisch, die Aufgaben zu streichen.

AUFGABEN UMFORMULIEREN

Nachdem Sie Ihre Aufgabenliste von all dem Ballast befreit haben, gehen Sie noch einmal durch die verbleibenden Aufgaben und fragen Sie sich: "Ist mir völlig klar, was mit dieser Aufgabe gemeint ist? Weiß ich ganz genau, was ich da zu tun habe?" Falls Sie diese Fragen nicht mit „Ja" beantworten können, dann formulieren Sie die Aufgabe um. Gut möglich, dass Sie dafür zuerst ein wenig recherchieren müssen, was Sie genau zu tun haben. Dieser Aufwand lohnt sich aber! Eine Aufgabenliste nützt Ihnen nur dann etwas, wenn Sie auf einen Blick sofort wissen, was Sie zu tun haben.

Natürlich müssen nicht alle Details in den Aufgabentitel. Dafür gibt es die Notizen zur Aufgabe. Doch der Aufgabentitel muss Ihnen klar machen, worin die eigentliche Aufgabe besteht.

- „Bericht" ist zu knapp formuliert.
- „Abschlussbericht Projekt XY schreiben" ist glasklar formuliert.

Ob Sie wirklich ein Verb nutzen wollen oder nicht, ist Ihnen überlassen. Viele meiner Aufgaben formuliere ich ohne Verb, weil mir auch so klar ist, was ich zu tun habe. Bei anderen finde ich es nützlich. Lassen Sie sich bei der Umformulierung von folgendem Grundsatz leiten: Sie – und nur Sie! – müssen verstehen, was Sie zu tun haben.

Schreiben Sie die Liste neu

Nun haben Sie immer noch alle Aufgaben auf verschiedenen Zetteln und Papieren vor sich. Wenn Sie schon dabei sind, dann schreiben Sie doch eine neue Liste, auf der alle Aufgaben stehen. Dann sind Sie nicht mehr so verzettelt – im wahrsten Sinne des Wortes.

Die Liste können Sie gerne auf Papier, in irgendeinem Tool, in Outlook oder sogar in Excel führen. Die Form der Aufgabenliste ist eigentlich nicht wichtig. Viel wichtiger ist, dass Sie regelmäßig mit ihr arbeiten und immer wieder darauf schauen.

Natürlich haben To-do-Listen-Programme gewisse Vorteile. So können Sie beispielsweise Aufgaben filtern, durchsuchen oder mit einer Fälligkeit versehen, die dann automatisch aufspringt. Das ist toll, doch es gibt viele sehr erfolgreiche Menschen, die sich ohne spezielles Tool oder auf Papier organisieren. Lassen Sie sich nicht durch die Form bremsen. Finden Sie lediglich eine Form, die zu Ihnen passt und mit der Sie gerne arbeiten. Denn Sie wissen ja: Zeitmanagement findet in Ihrem Kopf statt – und nicht in irgendeinem Tool.

Hüten Sie sich unbedingt auch davor, das perfekte Tool finden zu wollen. Falls Sie Ihre Liste digital führen wollen, dann beginnen Sie mit Programmen, die Sie schon haben.

- Arbeiten Sie mit Windows, haben Sie vermutlich auch Outlook installiert. In Outlook können Sie bereits sehr gut eine Aufgabenliste führen. Das hat einen großen Vorteil: Sie können nämlich aus E-Mails oder auch aus OneNote direkt Aufgaben erstellen. Mit Outlook können Sie auch Aufgaben an Kollegen oder

Mitarbeiter delegieren. Damit haben Sie schon ein gutes Tool für Ihre Aufgabenliste, das bereits installiert ist und das Sie in Grundzügen kennen.

- Nutzen Sie einen Apple-Rechner, dann können Sie mit Apple Erinnerungen beginnen. Zugegeben: das Programm ist nicht sehr ausgeklügelt, doch trotzdem kann man sich damit organisieren. Es ähnelt etwas einer Liste auf Papier. Auch auf Papier haben Sie nicht sehr viele Funktionen und doch gibt es äußerst erfolgreiche Menschen, die sich so organisieren.

Grundsatz 2: Termine und Aufgaben trennen

Eigentlich gibt es zwei Instrumente, die bestimmen, was wir den ganzen Tag über so tun: die Aufgabenliste und der Kalender. Es lohnt sich, zwischen beidem eine klare Grenze zu ziehen. Häufig vermischen wir beides. Wir schreiben Aufgaben in den Kalender, damit wir sie nicht vergessen. Das geht sehr bequem im elektronischen Kalender, denn hier kann ich eine Aufgabe als ganztägigen Termin hinschreiben und sehe, wann ich sie erledigen muss.

Dieses Vorgehen hat nur einen Haken: Erledige ich die Aufgabe nicht, bleibt sie im Kalender an diesem Tag stehen. Spätestens eine Woche später ist sie dann aus meinem Blickfeld verschwunden. Es sei denn, ich übertrage sie von Hand oder blättere regelmäßig zurück, um zu kontrollieren, ob nicht noch eine Aufgabe offen ist.

Viel effizienter ist es, Aufgaben auf der Aufgabenliste zu notieren und mit einem Fälligkeitsdatum zu versehen. In den Kalender gehören dann nur echte Termine.

Was ist jedoch der Unterschied zwischen einem Termin und einer Aufgabe?

- Ein Termin beantwortet die Frage: Wann genau? Ich muss zu einem bestimmten Zeitpunkt (z. B. am Dienstag um 14 Uhr) an einem bestimmten Ort (z. B. im Meetingraum 7b) sein. Nicht zu früh und nicht zu spät.

- Eine Aufgabe beantwortet die Frage: Was genau? Ich muss das Angebot dem Kunden bis Freitag schicken. Ob ich es am Montag, Mittwoch oder Freitag um 16:30 Uhr schreibe, ist dabei nicht relevant. Es wäre sicher geschickt, damit frühzeitig anzufangen, und es wäre sicher nicht verkehrt, das Angebot schon am Mittwoch oder Donnerstag zu schicken (so können Sie Kunden sehr einfach beeindrucken), doch wann ich die Aufgabe erledige, ist eigentlich meine Sache, solange ich die Fälligkeit einhalte.

Genau wegen dieser Unterscheidung gehören Aufgaben auf die Aufgabenliste und Termine in den Kalender. Natürlich gibt es Grenzfälle, doch halten Sie sich an die beiden Fragen, lösen die sich sehr einfach auf:

- Frau Keller ist diese Woche nur am Freitag zwischen 10 und 12 Uhr im Büro. Müssen Sie sie unbedingt sprechen, dann tragen Sie sich ruhig einen Termin für diese Zeit ein. Nutzen Sie einen elektronischen Kalender, dann setzen Sie den Termin auf „frei" (nicht belegt), weil Sie ja nicht die ganzen zwei Stunden mit ihr sprechen müssen.

- Am Donnerstag können Sie der Geschäftsleitung Ihr Projektkonzept präsentieren. Dieser Termin steht natürlich in Ihrem Kalender. Die Aufgaben dazu stehen hingegen auf Ihrer Aufgabenliste. So können Sie einzelne Aufgaben frühzeitig einplanen (wie das geht, zeige ich Ihnen im nächsten Kapitel) oder vielleicht sogar delegieren.

Viele moderne Kalenderprogramme wie z. B. Outlook haben auch die Möglichkeit, fällige Aufgaben unterhalb des Kalenders anzuzeigen. So sehen Sie sowohl die Termine wie auch die Aufgaben mit Fälligkeitsdatum auf einen Blick. Die Aufgabe mit einer Fälligkeit bleibt aber nicht einfach am Termin stehen, sondern wandert solange mit, bis Sie sie erledigt haben. So verlieren Sie sie nie aus dem Blickfeld.

Misten Sie Ihren Kalender aus

Blicke ich in fremde Kalender, packt mich manchmal das Grauen. Da werden Zeitblöcke mehrfach belegt, keine Pausen zwischen Terminen gelassen (so sind Verspätungen garantiert) und einfach alles vollgestopft.

Herr Lorenz war genau so ein Fall. Sein Kalender war von morgens um 8 Uhr bis nachmittags um 18 Uhr praktisch dauerbelegt. Ich stellte ihm sofort die Frage, wann er denn überhaupt Zeit für seine Aufgaben oder für die Vor- und Nachbereitung der Termine habe. Seine Antwort war ernüchternd: entweder morgens vor dem Meeting-Wahnsinn oder abends. Beides ist keine Dauerlösung.

Ist Ihr Kalender auch übervoll, dann sollten Sie unbedingt lernen, Nein zu sagen. Sie kommen nicht darum herum, Ihre Zeit zu schützen. Schließlich ist es *Ihre* Zeit und Sie haben auch das Recht, darüber zu bestimmen.

Gehen Sie durch Ihren Kalender und beantworten Sie zuerst folgende Frage:

 Habe ich auf diesen Termin einen Einfluss?

Mit anderen Worten: Haben Sie den Termin gesetzt oder wurden Sie dazu eingeladen?

Ist es ein Termin, den Sie gesetzt haben, dann fragen Sie sich:
1. Ist der Termin überhaupt nötig? Oder kann man ihn einfach absagen? Was ist das Ziel des Termins? Kann das Ziel auch auf anderem Weg erreicht werden (z. B. durch ein kurzes Telefonat oder eine Information per E-Mail)?
2. Muss der Termin wirklich so lange dauern, wie er angesetzt ist? Oder lässt sich das Ziel des Termins auch in weniger Zeit erreichen?

Besonders wiederkehrende Termine, wie das wöchentliche Gespräch mit den einzelnen Teammitgliedern, Abteilungssitzungen und Ähnliches, sind häufig entweder gar nicht immer nötig oder können deutlich gekürzt werden.

Wurden Sie zu einem Termin eingeladen, dann fragen Sie sich:

 Braucht man mich wirklich bei dem Termin? Oder kann ich den Termin absagen, ohne dass ich deswegen Probleme bekomme?

Bei Terminen, zu denen Sie eingeladen wurden, ist es natürlich schwierig, überhaupt etwas zu verändern. Sie können sich aber mindestens nach dem Ziel des Termins und nach der genauen Agenda erkundigen.

Mit Herrn Lorenz habe ich jeden einzelnen seiner Termine mit diesen Fragen überprüft. Er erkannte beispielsweise sehr rasch, dass er sich nicht mit jedem seiner Teammitglieder jede Woche eine Stunde treffen musste. Bei einigen reichte auch eine halbe Stunde. Auch das tägliche Produktionsmeeting musste nicht eine Stunde dauern, sondern konnte gekürzt werden. So konnte er viele Termine kürzen oder sogar ganz absagen, besonders bei den wiederkehrenden Terminen. Am Ende hatte er zwei bis drei Stunden pro Woche (!) an Terminen eingespart, die er für seine Aufgaben nutzen konnte.

Pflegen Sie Ihren Kalender auch mit etwas Vernunft. Sie können nicht am Meeting im 7. Stock bis um 10 Uhr und direkt anschließend pünktlich im nächsten Meeting im Erdgeschoss teilnehmen. Planen Sie auch die Wegzeit ein, selbst wenn es nur der Weg zwischen zwei Sitzungszimmern ist. Natürlich gehört die Anfahrtszeit auch in den Kalender. Das gibt Ihnen die Übersicht und schützt den Zeitblock vor weiteren Terminen.

Sind Sie häufig mit Bus und Bahn unterwegs, dann können Sie sogar den Fahrplan direkt in Ihren Kalender herunterladen. Haben Sie eine Verbindung ausgewählt, gibt es bei allen größeren Verkehrsbetrieben (Bahn, Fluggesellschaft, ja sogar häufig bei Straßenbahnen) die Möglichkeit, genau diese Verbindung als Kalender-Datei herunterzuladen. Danach können Sie sie mit einem Doppelklick öffnen und so direkt in Ihren Kalender importieren.

Grundsatz 3: Eine einfache Aufgabenliste reicht

Sie kennen bereits die drei Funktionen einer Aufgabenliste:

1. Sie hilft, die Übersicht über die Arbeit zu behalten.
2. Sie garantiert, nichts zu vergessen.
3. Sie unterstützt, Aufgaben rechtzeitig zu erledigen.

Viele Zeitmanagement-Methoden empfehlen, die Aufgabenliste solle zu 100 Prozent vollständig sein. Sie sind also dazu angehalten, alles – und zwar wirklich alles – aufzuschreiben. Das mag für Sie funktionieren, ist aber kein Muss. Weshalb nicht? Ich habe es schon einmal erwähnt: Wenn Sie starke Gründe für Ihr Tun haben und wissen, wer und was Ihnen wirklich wichtig ist, dann brauchen Sie vieles gar nicht aufzuschreiben.

So brauche ich den Geburtstag meiner Frau nirgends zu notieren, den weiß ich auch so. Weshalb sollte ich ihn also in den Kalender schreiben? Genauso muss ich keine Aufgabe „Geburtstagsgeschenk für meine Frau kaufen" aufschreiben. Für mich wäre das lächerlich. Anderen hilft das vielleicht, doch ich lasse es weg.

Im Geschäftsleben gibt es aber genauso Aufgaben, die ich nicht notieren muss. Der Kunde, der ein Angebot will, wird innerhalb der nächsten ein bis zwei Tage bedient. Statt diese Aufgabe auf eine unendliche Liste zu nehmen und dann doch zu übersehen, fange ich lieber jetzt damit an, weil Kunden bei mir eine sehr hohe Priorität haben und ich Schnelligkeit für einen Wettbewerbsvorteil halte.

Ob Ihnen eine sehr ausführliche, detaillierte Aufgabenliste oder eher eine sehr schlichte besser hilft, können Sie nur alleine herausfinden. Arbeiten Sie an sehr vielen Projekten, mag eine etwas ausführlichere Aufgabenliste hilfreich sein, damit Sie die Übersicht behalten. Besteht Ihre Arbeit hingegen eher aus wenigen wichtigen Bereichen oder arbeiten Sie vor allem mit Fälligkeiten und Terminen, dann genügt eine schlichtere Aufgabenliste.

Achten Sie jedoch so oder so darauf, dass Ihre Aufgabenliste für Sie lesbar und absolut verständlich ist. Sie sollten die Liste durchsehen können und genau wissen, was Sie bei der Aufgabe zu tun haben. Sind Sie unsicher, dann formulieren Sie die Aufgabe um (oder fragen Sie nach, wenn Sie dabei feststellen, dass Sie die Aufgabe nicht richtig verstanden haben).

Gerade größere Aufgaben sollten Sie außerdem gliedern und als Teilaufgaben formulieren. So wird die Aufgabe fassbarer, konkreter, planbarer und Sie können sie besser organisieren. Leider gibt es keine Faustregel, wie kleinteilig Sie Aufgaben aufteilen sollten. Aufgaben, die Sie gut kennen oder schon häufiger erledigt haben, brauchen Sie nicht untergliedern. Bei neuen, Ihnen unbekannten

Aufgaben hingegen können Sie von mehreren Teilaufgaben profitieren. Dann sehen Sie auch die einzelnen Schritte, die Sie tun müssen, um die Aufgabe zu erledigen.

Sollten Sie insgesamt mehr als 25 Aufgaben auf Ihrer gesamten Aufgabenliste haben, dann lohnt sich eine weitere Unterteilung (z.B. mit Kategorien oder nach Projekt). Ansonsten ist das ein zusätzlicher Aufwand, der Ihnen keinen wirklichen Nutzen bringt.

MIT KURZEN AUFGABEN UMGEHEN

Neben den großen Aufgaben gibt es auch die kleinen, die wenig Zeit kosten, doch trotzdem wichtig sind und erledigt werden müssen. Nehmen Sie dafür als Grundsatz: Dinge, die Sie rasch erledigen können, erledigen Sie am besten sofort. Dauert etwas weniger als zwei Minuten, dann tun Sie es sofort. Alles andere wäre zu aufwändig und damit unnötig.

Doch Vorsicht: Das bedeutet keineswegs, jede Unterbrechung zuzulassen, jedem Einfall sofort zu folgen und von einer zur nächsten Aufgabe zu springen. Wurden Sie aber schon für eine Kleinigkeit unterbrochen, dann erledigen Sie sie auch gleich, statt dafür später ein weiteres Mal Zeit zu opfern. Oder wenn Sie Ihre Post, Ihre Notizen oder Ihre E-Mails abarbeiten, dann erledigen Sie die Dinge sofort, die Sie in weniger als zwei Minuten erledigen können.

Aufgaben, die Sie in 5 bis 15 Minuten erledigen können, sammeln Sie am besten auf einer Liste oder legen Sie auf einen Stapel und erledigen Sie am selben Tag. Nehmen Sie sich im Verlaufe des Tages einmal die Zeit und arbeiten Sie die Liste ab. Für solche eher kurzen Aufgaben sind die Zeiten, an denen Sie nicht so viel Energie haben, ideal (beispielsweise nach dem Mittagessen oder vor dem Feierabend).

Das widerspricht dem Grundsatz der einen Aufgabenliste von weiter oben. Manchmal kann eine kleine Abweichung von der Regel trotzdem hilfreich sein. Diese zweite Liste für die Aufgaben, die Sie in 5 bis 15 Minuten erledigen können, ist so ein Beispiel. Das funktioniert, wenn Sie diese Aufgaben auch wirklich heute noch erledigen werden. Ansonsten gehören Sie auf die normale Aufgabenliste.

Auf Prioritäten verzichten

In meinen Seminaren frage ich gerne die Teilnehmer, welches denn die größte Herausforderung im Zeitmanagement für sie sei. Die Antworten sind meistens dieselben (unabhängig vom Unternehmen oder der Branche). Sehr weit oben steht immer „Prioritäten setzen".

Einige Methoden schlagen vor, Aufgaben nach ABC oder sogar ABCDE zu priorisieren. Mein Tipp: Lassen Sie das. In meinen Augen ist eine solche Rangordnung unnütz, hinderlich und reine Zeitverschwendung. Das mag bis vor einigen Jahren noch funktioniert haben, doch in unserer heutigen Arbeitswelt bringt Ihnen das nicht viel.

Aufgaben nach Bedeutung zu ordnen, ist nur in einer geschlossenen Welt sinnvoll: Sie müssen zehn Dinge tun und überlegen sich, was Sie am besten zuerst tun. Diese Welt ist geschlossen, es können keine neuen Aufgaben mehr hinzukommen. In diesem Fall ist es schon sinnvoll, die Aufgaben nach Wichtigkeit zu ordnen. Das ist wie beim Kofferpacken: Was muss unbedingt mit, was packe ich zuerst in den Koffer, was kommt oben drauf und was kann ich zuhause lassen.

Doch unsere Welt – und besonders bei der Arbeit – ist eine ganz andere: Ich muss hundert Dinge tun, nach einer Stunde sind sieben davon schon nicht mehr relevant, überholt oder von sonst jemandem erledigt, dafür sind vierzehn hinzugekommen, geschafft habe ich bisher drei. Wenn ich die hundert Aufgaben zunächst noch priorisiere, habe ich sogar nur eine davon geschafft. Leider muss ich jetzt aber wieder von vorne beginnen, weil ja sieben weggefallen und vierzehn hinzugekommen sind.

Hinzu kommt: Die Reihenfolge wird meistens nach Dringlichkeit festgelegt und nicht nach Wichtigkeit. Was heute vielleicht nur Priorität C hat, hat nächste Woche Priorität A, weil es sofort erledigt werden muss. Wozu muss ich das aber neben die Aufgaben auf meiner Liste schreiben?

Wenn Prioritäten die Dringlichkeit angeben, sind sie also unnütz und Zeitverschwendung. Doch auch die Wichtigkeit macht hier wenig Sinn. Der Nachschub an wichtigen und sehr wichtigen Aufgaben ist heutzutage ohnehin unendlich.

Stimmt diese These, dann ist ohnehin fraglich, was denn überhaupt unwichtige Aufgaben (C-Prioritäten) auf der Aufgabenliste machen? Wollen Sie wirklich Ihre Zeit mit unwichtigen Aufgaben verbringen? Ganz abgesehen davon werden Sie die Zeit für diese Aufgaben ohnehin nie finden.

Wann Prioritäten sinnvoll sind

Prioritäten werden erst bei der Tagesplanung wichtig. Denn da muss ich mich entscheiden, welche Aufgaben ich heute angehen will, welche heute also Vorrang haben und welche ich liegen lassen kann oder will. Diese Priorisierung ist aber völlig formlos. Ich picke jeden Morgen heraus, was ich tun will – ohne meine Aufgabenliste mit ABC zu überfüllen. Daneben machen Prioritäten definitiv sehr großen Sinn auf der Ebene der Ziele. Um motiviert zu bleiben und richtig produktiv arbeiten zu können, muss ich immer wissen, wohin ich überhaupt will, also welches meine Ziele sind.

Meistens haben wir ja verschiedene Ziele – privat und im Job. Die können wir nicht alle gleichzeitig verfolgen. Also setzen wir Prioritäten auf der Ebene der Ziele: Dieses Jahr konzentriere ich mich auf den Job und stelle in meiner Freizeit meine Ernährung ins Zentrum. Nächstes Jahr dann will ich mehr Zeit mit der Familie verbringen. Diesen Monat hat die Kundenpräsentation absolut Priorität, danach kümmere ich mich hauptsächlich um das wichtige Projekt.

Auf der Ebene der Ziele und eventuell der Projekte machen Prioritäten also sehr viel Sinn – auf der Ebene der Aufgaben nur zur Planung. Wie eine gute und einfache Planung funktioniert, erfahren Sie im nächsten Kapitel.

Tipp 4: Planen Sie Ihren Tag

Unsere Arbeitswelt ist heute eine völlig andere als noch vor einigen Jahren. Das wird besonders deutlich, wenn es darum geht, wie Sie Ihren Tag planen können. Wir versuchen weiterhin, mit den Instrumenten von gestern die Herausforderungen von heute in den Griff zu bekommen. Ein Beispiel:

Frau Schneider ist Sachbearbeiterin in einem kleinen Unternehmen. Als sie hier vor 25 Jahren angefangen hat, war die Welt überschaubar. Sie kam morgens ins Büro und überlegte sich, was sie heute erledigen will. Sie schaute ihre Termine an und dann die fälligen Aufgaben. Dann konnte sie eine Art Stundenplan aufstellen: „Wann will ich welche Aufgabe erledigen?" Natürlich verplante sie nicht ihre ganze Zeit, sondern vielleicht nur die Hälfte davon, damit sie Puffer für Unvorhergesehenes hatte oder falls sie für eine Aufgabe mehr Zeit als erwartet brauchte. Tagsüber erhielt sie ihre Briefpost, die sie zwar sortierte, aber nicht gleich bearbeitete. Schließlich hatte sie für die Beantwortung eines Briefes ja ein paar Tage Zeit. Ab und zu kam eine Fax-Nachricht, doch auch die war selten dringend. Natürlich wurde sie immer wieder durch das Telefon unterbrochen und es gab auch mal dringende Aufgaben, doch dafür hatte sie ja die Pufferzeit eingeplant.

▶

Heute betritt Frau Schneider ihr Büro und findet schon 15 E-Mails in ihrem Posteingang, um die sie sich so schnell wie möglich kümmern sollte. Schließlich wird eine Antwort innerhalb von 24 bis 48 Stunden erwartet, je nach Branche sogar innerhalb weniger Stunden. Tagsüber wird sie von weiteren E-Mails ständig unterbrochen, weil sie die Benachrichtigung nicht ausgeschaltet hat. Ganz zu schweigen von den Kollegen und dem Chef, die immer wieder in ihr Büro laufen und etwas „ganz dringend" brauchen. Sie versucht weiterhin, ihren Tag zu planen, wie sie das schon immer gemacht hat, aber sie weiß, dass ihr Plan spätestens nach einer Stunde Makulatur ist, weil so viele neue Dinge auf sie einprasseln und das meiste als „dringend" daher kommt (ob es das ist, ist eine andere Frage).

So ist heute die Realität. Versuchen wir heute noch, unseren Tag genau zu planen, werden wir scheitern. Es gibt einfach zu viel Unvorhersehbares, das eine schnelle Reaktion erfordert.

Die Kunst beim Planen besteht also darin, die fälligen Aufgaben zu schaffen, alle Termine wahrzunehmen und weitere Aufgaben, die wichtig, aber (noch) nicht dringend sind, anzugehen – falls dann nicht ohnehin schon Feierabend ist. Deshalb muss heute ein guter Plan eine Spur legen, aber er darf uns nicht einschränken. Sobald ein Plan einengt, nimmt er Ihnen die Flexibilität, die Spontanität und schließlich auch den Spaß an der Arbeit. Zumal es sowieso meist anders kommt, als man denkt. Das heißt nicht, dass Sie gar nicht mehr planen sollten, sondern nur, dass Sie anders planen sollten. Ich zeige Ihnen gleich wie.

Dabei geht es nur um die persönliche Arbeitsplanung, nicht um Projektmanagement. Sobald wir ein Projekt managen müssen, braucht es natürlich eine genaue Planung. Schließlich muss der Einsatz der Ressourcen und des Budgets genau geplant werden, weil im Projekt viele Abhängigkeiten bestehen. Sie würden ja auch kein Haus bauen, ohne einen genauen Plan zu haben. Interessant ist trotzdem, dass es auch im Projektmanagement neuere Ansätze gibt, die eine „rollende" oder eine sehr schlichte Planung versuchen, weil auch Projekte mit vielen ungewissen Aufgaben und Einflüssen eine hohe Flexibilität benötigen. Wir wollen uns aber auf Ihre persönliche Arbeit beschränken.

Ab Seite 48 haben Sie erfahren, wie entscheidend es ist, zu wissen, was Ihnen wirklich wichtig ist. Damit Sie dies erreichen können, brauchen Sie einen Plan. Im Idealfall arbeiten Sie jeden Tag an Ihrem Ziel und sei es auch nur für ein paar Minuten. So verlieren Sie die Verbindung zu Ihrem Ziel nicht. Daneben gibt es noch die unzähligen anderen Aufgaben, die auch irgendwie zu Ihnen und Ihrer Arbeit gehören: Alltagsaufgaben, rein operative Aufgaben (wie E-Mails abarbeiten) oder fällige Aufgaben, die Sie einfach tun müssen. Damit nichts vergessen und alles fristgerecht erledigt wird, brauchen Sie die Übersicht, was heute ansteht und was Sie angehen wollen.

Der Ablauf der Planung

Bevor wir planen können, müssen wir herausfinden, wie viel planbare Zeit wir überhaupt haben. Denn häufig ist es so, dass wir gar nichts mehr planen können, weil wir schon komplett verplant sind.

Herr Winkler ist Führungskraft in einem internationa-len Unternehmen. Er ist für 90 Mitarbeiter verantwort-lich, zehn davon führt er direkt. Sein Vorgesetzter sitzt in den USA. Sein Arbeitsleben ist geprägt von seinem Kalen-der. Jeden Tag nimmt er an vielen Meetings teil. Falls er dazwischen überhaupt noch Zeit hat, steht ein Berg fälliger Aufgaben vor ihm. Nur an wenigen Tagen gelingt es ihm, Aufgaben anzupacken, die nicht am selben Tag fällig sind. Ansonsten ist er durch Termine und Fälligkeiten getrieben.

Für Herrn Winkler ist es meist recht einfach: Er kann gar nichts mehr planen! Sein Tag ist schon voll mit Meetings und fälligen Auf-gaben. Er hat eine ganz andere Herausforderung: Wie kann er sich mehr Luft verschaffen, damit er auch Aufgaben erledigen kann, die nicht heute fällig sind?

Bei Ihnen sieht es vielleicht anders aus, doch auch Sie haben Ter-mine und fällige Aufgaben. Haben Sie einen Termin im Kalender, gibt es nichts mehr zu planen. Während dieser Zeit können Sie ja nichts anderes erledigen. Im Extremfall geht es Ihnen wie Herrn Winkler: Haben Sie den ganzen Tag Termine, können Sie für die-sen Tag nichts mehr planen.

Ähnlich bei den fälligen Aufgaben. Wenn Sie einem Kunden ein Angebot bis spätestens heute versprochen haben, dann ist die Zeit der Planung vorbei. Jetzt geht es nur noch darum, die Aufgabe zu erledigen, also das Angebot fertig zu schreiben. Es stellt sich höchs-tens die Frage, um welche Uhrzeit Sie das tun möchten oder ob und welche Aufgaben Sie vorher erledigen.

In beiden Fällen, also bei vielen Terminen und fälligen Aufgaben, ist es für eine Planung zu spät. Sie müssen es einfach tun. Reicht Ihnen die Zeit voraussichtlich nicht, alle fälligen Aufgaben heute zu erledigen, dann sollten Sie Prioritäten setzen und einige Aufgaben delegieren oder verschieben (mit allen Konsequenzen).

Bei der Tagesplanung geht es also in erster Linie nicht darum, die ohnehin fälligen Aufgaben einzuplanen, sondern es geht darum, möglichst viele Aufgaben schon frühzeitig und stressfrei zu erledigen. Das sind häufig Aufgaben, die etwas weiter in der Ferne liegen oder zu Ihren Zielen passen, aber keinen Termin haben.

Wie viel Spielraum haben Sie?

Sie beginnen morgens mit Ihrer Arbeit und wollen Ihren Tag planen. Der erste Schritt ist also:

 Wie viel Zeit haben Sie überhaupt, die noch nicht verplant ist?

Öffnen Sie deshalb zuerst Ihren Kalender und prüfen Sie, wie viele Termine Sie heute haben. Danach schauen Sie auf Ihre fälligen Aufgaben. Haben Sie mehr fällige Aufgaben, als Sie heute erledigen können, dann priorisieren Sie:
- Welche Aufgabe wollen Sie zuerst angehen?
- Welche ist am wichtigsten?
- Welche am dringendsten?

Doch was ist eigentlich der Unterschied zwischen wichtig und dringend? Ganz allgemein könnte man sagen: Wichtig ist etwas dann, wenn es Sie zu Ihren Zielen führt oder wenn etwas auf dem Spiel steht. Dringend ist es dann, wenn etwas sehr zeitnah erledigt werden muss. Damit kommt ein entscheidender Unterschied ins Spiel. Bei wichtigen Dingen dürfen wir agieren, bei dringenden Dingen müssen wir reagieren.

Nehmen wir an, Sie haben einem Kunden ein Angebot bis Ende nächster Woche versprochen. Der Auftrag ist sehr lukrativ und Sie wollen ihn unbedingt. Er ist also für Sie wichtig, weil er Sie oder Ihre Firma wirklich vorwärts bringt. Momentan können Sie noch agieren. Sie können das Angebot heute beginnen, morgen beenden und übermorgen überarbeiten. Diese Entscheidung können Sie frei treffen und frei einplanen. Müssen Sie das Angebot aber morgen abgeben, wird es plötzlich dringend. Sie müssen sofort reagieren und das Angebot endlich schreiben. Sie haben keinen Spielraum mehr.

Das Beispiel zeigt auch, dass wichtige Aufgaben plötzlich zu dringenden Aufgaben werden können, wenn wir nicht rechtzeitig handeln und sie bewusst einplanen.

Die Wichtigkeit ist aber auch subjektiv. Gut möglich, dass Ihnen etwas nicht so wichtig ist (weil es nicht zu Ihren Zielen passt), dem Chef oder dem Kunden hingegen ist es sehr wichtig.

Sie erhalten gleichzeitig die Einladung, ein Angebot für einen anderen Interessenten zu schreiben. Das Angebot, das Sie schreiben können, ist dem Interessenten sicherlich wichtig. Er will verschiedene Angebote prüfen, um das beste davon dann auszuwählen, sodass er seine Ziele erreichen kann. Ihnen ist das Angebot unter Umständen gar nicht so wichtig, weil es sich nicht um einen lukrativen Auftrag handelt, Sie schon schlechte Erfahrungen mit dem Interessenten gemacht haben und sich lieber auf das Angebot aus dem ersten Beispiel konzentrieren möchten. Für den Kunden ist es also sehr wichtig, für Sie überhaupt nicht.

Geht es also darum, welche fälligen Aufgaben Sie heute unbedingt erledigen wollen, dann schauen Sie unbedingt auf die Wichtigkeit. Alle anderen fälligen Aufgaben müssen Sie delegieren oder verschieben. Das ist nicht immer einfach, doch können Sie nicht alles heute erledigen. Natürlich können Sie mal Überstunden machen, doch sollte das die Ausnahme und nicht die Regel sein. Dieser Wahrheit müssen Sie ins Auge schauen und bewusst auswählen, was Sie nach hinten schieben wollen.

Nur wenn Sie zwischen den fälligen Terminen und Aufgaben überhaupt noch Platz für weitere Aufgaben haben, können Sie sich an die eigentliche Planung setzen.

Klingt logisch, nicht wahr? Doch fragen Sie sich selbst: Wie oft haben Sie schon einen Tagesplan erstellt, ohne zuerst in den Kalender und auf die fälligen Aufgaben zu schauen? Das Ergebnis: Abends sind Sie frustriert, weil Sie einmal mehr Ihren Plan nicht geschafft haben. Das wollen wir in Zukunft vermeiden.

Drei Arten zu planen

Wie immer im Zeitmanagement gibt es nicht die eine Lösung, die für alle passt. Ich zeige Ihnen hier drei Varianten. Je nachdem, wie viel Unvorhergesehenes bei Ihnen anfällt, funktioniert die eine oder andere Variante besser. Grundsätzlich gilt jedoch:

 Je mehr Unvorhergesehenes Sie haben, desto lockerer und flexibler sollten Sie planen.

Methode 1: Die drei wichtigsten Aufgaben des Tages

Die schlichteste Form der Planung besteht darin, sich jeden Tag nur drei Aufgaben vorzunehmen. Fragen Sie sich:

 „Was sind heute die drei wichtigsten Aufgaben?"

Jede dieser Aufgaben sollten Sie in 30 bis 60 Minuten erledigen können. Das ist ein realistischer Zeitraum, in dem Sie sich konzentriert und ohne Unterbrechung einer Aufgabe widmen können. Sollte eine Aufgabe einmal länger dauern, dann teilen Sie sie in Teilaufgaben auf, die Sie dann einplanen.

Schreiben Sie nur auf, *was* Sie tun wollen und nicht *wann*. Da es die wichtigsten Aufgaben des Tages sind, sollten Sie sie natürlich so früh wie möglich angehen. Denn was gibt es heute schon Wichtigeres?

An manchen Tagen fühlen Sie sich vielleicht wohler, wenn Sie heute fällige Aufgaben als wichtigste Aufgaben des Tages auswählen. Selbst wenn Sie mehr als drei heute fällige Aufgaben haben, sollten Sie trotzdem nur drei auswählen, die die wichtigsten für heute sind und sie dann so früh wie möglich erledigen.

Normalerweise sollten Sie aber drei Aufgaben herauspicken, die nicht (oder noch nicht) fällig sind. Das hilft Ihnen vorzuarbeiten, sodass Sie nicht immer alles auf den letzten Drücker erledigen müssen.

Jetzt haben Sie also Ihre Termine, Ihre ohnehin fälligen Aufgaben und die drei wichtigsten Aufgaben des Tages. Damit ist schon ziemlich klar, was Sie heute tun werden. Ob Sie zuerst die fälligen Aufgaben oder die drei wichtigsten Aufgaben erledigen, können Sie selbst entscheiden. Hören Sie ruhig auf Ihr Bauchgefühl. Wenn Sie eine fällige Aufgabe sehr beschäftigt, dann erledigen Sie sie zuerst. Wenn Sie hingegen so richtig Lust auf eine der drei wichtigsten Aufgaben haben, dann packen Sie die zuerst an. Es ist selten verkehrt, die Aufgabe zu erledigen, die Ihnen am meisten Spaß macht.

Nur drei wichtige Aufgaben klingt nicht nach viel. Damit haben Sie ja nur anderthalb bis drei Stunden pro Tag verplant. Doch das genügt bereits! Die restliche Zeit ist ja schon gefüllt mit Terminen oder füllt sich ganz automatisch. Selbst wenn Sie die drei wichtigsten Aufgaben schon um 11 Uhr erledigt haben, wird Ihnen ja nicht langweilig. Aber es gibt Ihnen ein gutes Gefühl, wirklich vorwärts gekommen zu sein.

Frau Schneider ist mit ihrer traditionellen Planung geschei-
tert. Jetzt hat sie sich angewöhnt, jeden Tag nur die drei
wichtigsten Aufgaben herauszupicken. Manchmal nimmt
sie eine der ohnehin fälligen Aufgaben als eine der drei
wichtigsten Aufgaben des Tages, doch häufig nimmt sie
drei Aufgaben, die zu ihren Zielen oder zu den Zielen aus
ihrem Zielvereinbarungsgespräch passen. Natürlich gibt
es auch Tage, an denen sie nur ein oder zwei Aufgaben
herauspickt, weil die Tage bereits gefüllt sind mit fälligen
Aufgaben und Terminen.

Sie schreibt die Aufgaben auf ein Blatt Papier, das sie ein-
fach vor sich auf den Schreibtisch legt, damit sie ihre drei
wichtigsten Aufgaben nicht aus den Augen verliert – im
wahrsten Sinne des Wortes. Meistens erledigt sie diese
Aufgaben direkt nach Arbeitsbeginn. Nur manchmal zieht
sie eine fällige Aufgabe vor, damit die endlich vom Tisch
ist. Hat sie eine der Aufgaben erledigt, streicht sie sie mit
Genugtuung durch und ist stolz auf sich.

Methode 2: Mit Kanban den Tag planen

Produzierende Unternehmen nutzen häufig die Kanban-Methode,
um ihre Prozesse flexibel zu planen. Vielleicht sind Sie der Methode schon einmal begegnet. Sie fällt nämlich auf: Für Kanban
nutzt man einfach ein Whiteboard, das man in Spalten unterteilt
und dann in die Spalten Karten hängt. Damit sieht man immer auf
einen Blick, wo die Produktion steht und wo Engpässe bestehen.

Die Kanban-Methode hat viele Ableger gefunden, beispielsweise im Projektmanagement und auch in der persönlichen Arbeitsorganisation. Der Amerikaner Michael Linenberger hat aus dem Kanban-Gedanken seine Methode „The One Minute To-do List" geschaffen. Das ist eine sehr einfache Methode, die Aufgabenliste und Planung miteinander verbindet. Damit sieht man nicht nur alle Aufgaben auf einen Blick, sondern auch, wo Engpässe bestehen und wann Sie welche Aufgabe angehen wollen. Diese Methode ist so einfach, dass man sie sehr schnell erklären und umsetzen kann. Ich beschränke mich hier auf die minimale Version.

Michael Linenberger geht davon aus, dass unser Zeithorizont nur ungefähr zehn Tage in die Zukunft reicht. Alles, was darüber hinaus liegt, verarbeiten wir meistens nicht oder es lässt uns noch kalt. Auf diesen Bereich beschränkt er seine Planung.

Jede Aufgabe, die Sie haben (egal, wann sie fällig ist), gehört auf eine kleine Karte oder Haftnotiz. Ohne Ausnahme! Auch Aufgaben aus E-Mails, die Sie erhalten, gehören auf eine Karte. Jede dieser Karten wird dann an das Whiteboard gehängt.

Es gibt drei Bereiche oder Spalten auf dem Whiteboard (in Klammern steht jeweils der Originalbegriff von Michael Linenberger):

- Heute (Critical Now): Aufgaben, die Sie heute um jeden Preis erledigen müssen, kommen in diesen Bereich. Hier gibt es also keine „Es-wäre-schön-wenn-ich-das-heute-auch-schaffe"-Aufgaben, sondern nur die, die Sie unbedingt schaffen müssen.

Sind Sie unsicher, ob eine Aufgabe dazu gehört, dann stellen Sie die Überstunden-Frage: Würden Sie bis weit nach Feierabend arbeiten, um diese Aufgabe zu erledigen? Falls ja, dann gehört sie in diesen Bereich. Das ist das Kernstück, diesen Bereich prüfen Sie stündlich.

- Bald (Opportunity Now): Hier stehen die Aufgaben, die Sie in den nächsten zehn Tagen tun möchten oder müssen. Achten Sie darauf, dass in diesem Bereich nie mehr als zwanzig Aufgaben stehen. Mehr als zwanzig können Sie nicht in den nächsten zehn Tagen erledigen. Stehen mehr darauf, dann verschieben Sie die am wenigsten wichtigen in den nächsten, den „Später"-Bereich. Den „Bald"-Bereich überprüfen Sie einmal pro Tag.

- Später (Over The Horizon): Alle anderen Aufgaben – also diejenigen, die Sie in den nächsten zehn Tagen nicht beachten müssen – landen in diesem Bereich. Einmal pro Woche überprüfen Sie diesen Bereich.

Dieses simple Whiteboard verändert sich natürlich ständig. Am Morgen kommen Sie ins Büro und prüfen die Aufgaben aus dem Bereich „Bald": Welche davon müssen Sie unbedingt heute erledigen? Diese kommen dann in den Bereich „Heute". Später erhalten Sie drei neue Aufgaben in einem Meeting, die Sie nächste Woche erledigen wollen. Leider hängen bereits 20 Karten im Bereich „Bald". Also schieben Sie drei Aufgaben davon nach hinten (d. h. in den Bereich „Später"). Jetzt haben Sie wieder Platz für die Aufgaben aus dem Meeting.

Herr Winkler, die Führungskraft mit den vielen Terminen und fälligen Aufgaben, suchte im Coaching eine Methode, wie er sich auf Papier organisieren kann und trotzdem immer den Überblick behält. Ich habe ihm die Kanban-Methode in ihrer Grundversion erklärt. In seinem Büro bestand die Wand aus einzelnen Elementen, die sozusagen schon Spalten bildeten. Über die Spalten schrieben wir die Bereichsnamen auf einen Zettel (also „Heute", „Bald", „Später"). Dann schrieb er alle Aufgaben, die er hatte, auf Haftnotizen und hing sie zunächst im Bereich „Später" auf. Als er fertig war, pickte er die Aufgaben heraus, die er unbedingt an dem Tag erledigen musste und hängte sie in den Bereich „Heute". Danach suchte er die Aufgaben für die nächsten zehn Tage aus und hängte sie in den entsprechenden Bereich. So nahm er eine Rangfolge vor, musste sich entscheiden und auch gewisse Dinge zurückstellen oder ablehnen.

Erhielt er einen Anruf mit einer weiteren Aufgabe, konnte er auf einen Blick sehen, ob er die Aufgabe diese Woche noch erledigen konnte oder nicht. War die neue Aufgabe dringend, war er wegen der Beschränkung von 20 Aufgaben für diese Woche gezwungen, andere Aufgaben zurückzustellen. Damit hatte er sozusagen eine lebendige Aufgabenliste, die sich ständig veränderte und anpasste.

Hatte er eine Aufgabe erledigt, hängte er sie zunächst neben die drei Bereiche. Vor Feierabend ging er dann hin, zerknüllte lustvoll die erledigten Aufgaben und warf sie weg. Das war ein kleiner psychologischer Nebeneffekt dieser Methode, der sehr wichtig für seine Zufriedenheit war.

Methode 3: Termine mit sich selbst

Eine gute Tagesplanung wird dann schwierig, wenn der Kalender voll mit Terminen ist. Hier ist die Herausforderung eine ganz andere, nämlich die Frage: Wann können Sie all die Termine vor- und nachbereiten? Wann kommen Sie überhaupt zum Arbeiten?

In dieser Situation gibt es nur eine Antwort: Termine mit sich selbst. Termine mit sich selbst sind Zeiten, die Sie für Ihre Aufgaben blockieren. Das funktioniert sehr gut, allerdings nur unter einer Bedingung: Sie behandeln diese Termine mit sich selbst wie andere Termine auch. Sie werden also nur in dringenden Fällen verschoben und sie beginnen und enden pünktlich. Bei Bedarf sollten Sie sich auch auf diese Termine vorbereiten, selbst wenn das nur heißt, dass Sie dafür sorgen, alle Unterlagen parat zu haben. Natürlich können Sie nicht alle weißen Flächen in Ihrem Kalender für Ihre Aufgaben reservieren. Doch gewisse Bereiche schon.

Möchte Sie jemand genau zu dieser für Sie und Ihre Arbeit reservierten Zeiten treffen, dann dürfen Sie die Anfrage ruhig ablehnen. Das ist nicht einfach, schließlich will man ja erreichbar und verfügbar sein. Doch trotzdem sollten Sie diese Termine mit sich selbst schützen. Sagen Sie dann einfach: „Es tut mir leid, um diese Zeit habe ich bereits eine andere Verpflichtung." Das würden Sie ja auch sagen, wenn Sie ein Meeting oder eine Verabredung mit einem Kollegen hätten.

Wie bereits auf Seite 70 erwähnt: Nein sagen ist ein wichtiges Mittel, damit Sie Ihre Zeit wieder in den Griff bekommen. Suchen Sie immer das Gespräch und bieten Sie eine Alternative an. Nach meiner Erfahrung haben die meisten Menschen mehr Verständnis dafür.

Der Plan ist abgearbeitet: Und jetzt?

Frau Schneider, die sich jeden Tag nur die drei wichtigsten Aufgaben aussucht, ist bereits um 10 Uhr mit diesen drei Aufgaben fertig. Um 12 Uhr hat sie auch alle fälligen Aufgaben erledigt. Es ist erst Mittag und sie hat schon ein richtig gutes Gefühl, weil sie weiß, dass sie mit ihrer Arbeit wirklich weitergekommen ist. Jetzt stellt sich ihr natürlich die Frage: „Was mache ich jetzt?"

Spontan auswählen

Haben Sie Ihren Tagesplan bereits abgearbeitet, dann gratuliere ich Ihnen! Der Tagesplan soll nur dafür sorgen, dass Sie die wirklich wichtigen Dinge erledigt bekommen. Selbst wenn es jetzt erst 12 Uhr ist, wird Ihnen ja nicht langweilig. Befolgen Sie alle Tipps aus diesem Buch, haben Sie eine gute Übersicht über Ihre Arbeit. Ein Vorteil von gut geführten Aufgabenlisten und bewussten Zielen ist die Übersicht. Sie schauen nur noch darauf und können dann auswählen, was Sie als nächstes tun wollen.

Ich glaube, wir verlassen uns bei der Arbeit viel zu wenig auf unsere Intuition. Haben Sie Ihren Tagesplan abgearbeitet, dann können Sie die nächste Aufgabe rein intuitiv auswählen. Ihnen wird sozusagen ins Auge springen, was als Nächstes drankommen soll.

Fühlen Sie sich mit diesem Vorgehen unwohl, können Sie die nächste Aufgabe anhand von drei Kriterien auswählen:

1. Welche Aufgabe bringt mich meinem wichtigsten Ziel näher? Das ist die bedeutsamste Frage überhaupt und sollte uns den ganzen Tag über leiten.

2. Wie viel Energie habe ich jetzt noch? Wir können nicht jede Aufgabe zu jedem Zeitpunkt effizient und effektiv abarbeiten. In der Regel sind wir am Vormittag frischer, haben mehr Energie und sind motivierter. Nach dem Mittagessen haben viele Menschen ein Biotief, weil der Körper mit der Verdauung beschäftigt ist. Deshalb sollten Sie Ihre schwierigste Aufgabe nicht unbedingt dann erledigen wollen. Morgenmenschen haben am frühen Vormittag am meisten Energie, Nachtmenschen eher am späten Nachmittag oder am Abend. Fragen Sie sich immer nach der Energie, die Sie jetzt gerade haben, und wählen Sie eine Aufgabe, die Sie mit Ihrem momentanen Energielevel gut erledigen können.

3. Was macht mir Spaß? Wir berücksichtigen bei der Arbeit den Spaß viel zu selten. Dabei darf Arbeit Spaß machen. Arbeit sollte sogar Spaß machen. Schließlich verbringen wir mindestens ein Drittel unserer Zeit damit. Macht Ihnen etwas Spaß, löst das neue Wellen von Motivation und Begeisterung aus.

Die ideale Woche

Können Sie sich Ihre Zeit weitgehend frei einteilen, habe ich noch ein anderes Instrument für Sie: die ideale Woche. Nehmen wir einmal an, Sie könnten über all Ihre Zeit frei entscheiden. Sie müssten nur die fix blockierten Termine berücksichtigen (wie regelmäßige Sitzungen oder die Mittagspause). Was würden Sie dann tun? Die Antwort auf diese Frage ist genau Ihre ideale Woche.

Viele Dinge, die wir tun, lassen sich effizienter erledigen, wenn wir sie in einem Rutsch tun. Das tun Sie wahrscheinlich auch jetzt schon. Vermutlich erledigen Sie alle Rückrufe am Stück. Einfach weil Sie dann im „Telefonmodus" sind und alle Rückrufe sehr schnell abarbeiten können. Oder vielleicht arbeiten Sie alle E-Mails am Stück durch, weil das viel schneller und einfacher geht.

Die ideale Woche nimmt dieses Prinzip auf und wendet es auf die gesamte Woche an. So geht's[4]:

- Nehmen Sie einen Wochenkalender und tragen Sie als erstes alle fix blockierten Zeiten ein. Das sind vielleicht sich wiederholende Termine (z. B. die Abteilungssitzung) oder auch Freizeitaktivitäten (z. B. Joggen am Dienstagnachmittag mit Sabine). Vergessen Sie die Pausen nicht (auch nicht die Mittagspause).

- Setzen Sie sich dann pro Tag einen Schwerpunkt. So ist für mich der Schwerpunkt am Montag und Dienstag grundsätzlich das Erstellen von Content (Blog-Artikel, Lektionen für Kurse,

---

4 Unter www.ivanblatter.com/klueger erhalten Sie eine Vorlage für Ihre Tabellenkalkulation, mit der Sie sehr einfach den idealen Tag erstellen können.

Podcasts usw.). Der Schwerpunkt für Mittwoch ist das Vorbereiten von Aufträgen usw. Sie dürfen natürlich auch einen Reserve-Tag frei lassen. So plane ich für Unvorhergesehenes den Donnerstag ein. Dann lautet mein Schwerpunkt „Reserve".

- Jetzt können Sie den Inhalt des Kalenders ausfüllen. Denken Sie dabei an einen Stundenplan. Bei mir steht beispielsweise am Mittwochvormittag „Präsentationen und Handouts erstellen" von 8 bis 11:30 Uhr. Oder jeden Tag von 15:30 bis 16 Uhr „E-Mails bearbeiten". Sie brauchen nicht jede Zeitspanne auszufüllen, sondern nur die großen, wichtigen Dinge bei Ihrer Arbeit, die zum jeweiligen Schwerpunkt des Tages passen.

Diese ideale Woche liegt nach Möglichkeit immer in Sichtweite. Das ist kein Planungsinstrument im eigentlichen Sinn, sondern dient als Leuchtturm. Natürlich komme ich nicht jeden Mittwoch dazu, Präsentationen und Handouts zu erstellen. Manchmal ist das auch gar nicht nötig, wenn ich ohnehin schon alles parat habe oder gerade kein Auftrag ansteht. Doch ich weiß, dass ich dann grundsätzlich ein Zeitfenster habe, wenn ich es mal brauche.

Vermutlich werden Sie Ihre perfekte Woche nie eins zu eins leben können. Das ist aber auch nicht schlimm, denn sie beschreibt einen Idealzustand. Sie hilft Ihnen, Freiheiten zu erkennen, Freiheiten zu erkämpfen und durchzusetzen. Damit kommen Sie aus der Fremdbestimmung ein Stück weit heraus.

Tipp 5: Fokussieren Sie sich

Die Fähigkeit, sich auf das zu fokussieren, was im Moment das Wichtigste ist, ist vermutlich die bedeutendste Eigenschaft, um überhaupt produktiv arbeiten zu können. Denken Sie an einen Laserpointer. Der ist nichts anderes als extrem stark gebündeltes Licht, das uns bei einer Präsentation Inhalte in den Mittelpunkt, in den Fokus rückt. Gelingt es uns, unsere Aufmerksamkeit auf einen so kleinen Punkt oder auf eine einzige Aufgabe zu richten, entwickeln wir ganz neue Stufen an Produktivität.

Unter Fokussieren wird meistens nur verstanden, alle Unterbrechungen auszuschalten. Das ist aber zu kurz gedacht. Fokussieren kann man auch noch auf anderen Ebenen verstehen:

- Der kurzfristige Fokus: Diese Art zu fokussieren ist die, die wir alle kennen. Ich versuche, alle Ablenkungen und Unterbrechungen zu eliminieren, damit ich mich auf eine einzige Aufgabe konzentrieren kann.

- Berücksichtigen der eigenen Energie: Wir sind nicht den ganzen Tag über gleich leistungsfähig. Es gibt Zeiten, zu denen wir viel mehr schaffen können als zu anderen Zeiten. Gelingt es uns, schwierige Aufgaben dann zu erledigen, wenn wir am meisten Power haben, dann können wir unsere Produktivität deutlich erhöhen.

- Der langfristige Fokus: Wir sind nicht wirklich produktiver, wenn wir die falschen Dinge effizienter und effektiver erledigen können. Sondern wir sind dann produktiv, wenn wir uns möglichst häufig auf die Aufgaben fokussieren, die uns unseren Zielen näher bringen.

Es gibt übrigens einen feinen Unterschied zwischen „effizient" und „effektiv":

- Effizient heißt, eine Aufgabe optimal zu erledigen. Das Ergebnis wird mit möglichst wenigen Mitteln erreicht. Oder präziser: Das Kosten-Nutzen-Verhältnis ist optimal. Es geht also darum, die Dinge richtig zu tun.

- Effektiv hingegen bedeutet, die Aufgaben zu erledigen, die mich zu meinem Ziel bringen. Effektiv arbeitet, wer die richtigen Dinge tut.

So können Sie beispielsweise Ihre Kundenzufriedenheit abfragen, indem Sie jeden Kunden besuchen und ihn nach seiner Meinung fragen. Das ist effektiv, weil Sie sehr genaue Rückmeldungen erhalten und Sie so Ihre Kundenzufriedenheit erfahren. Viel effizienter wäre es allerdings, allen Kunden einen Online-Fragebogen zu schicken. Damit werden Sie weniger Rückmeldungen erhalten, doch das genügt, um die Kundenzufriedenheit zu ermitteln. Außerdem können Sie einen Fragebogen viel einfach – und effizienter – auswerten als die Rückmeldungen aus den Kundenbesuchen.

Ein anderes Beispiel: Sie können sehr schnell einen qualitativ hochwertigen Newsletter erstellen, weil Sie den Prozess standardisiert haben. Bei der Erstellung sind Sie also sehr effizient. Erreichen Sie aber mit dem Newsletter Ihre Kunden nicht, weil Sie die falschen Menschen auf Ihrer Liste haben oder weil Ihre Kunden lieber eine Broschüre von Ihnen lesen, dann ist das Erstellen eines Newsletters überhaupt nicht effektiv.

Der kurzfristige Fokus

Die größte Feindin eines guten Zeitmanagements ist wohl die Unterbrechung. Natürlich gibt es Unterbrechungen, die notwendig sind, wie echte Dringlichkeiten oder Notfälle. Daneben gibt es aber Unterbrechungen, die wir selbst zulassen, obwohl wir das nicht müssten. Eine neue E-Mail ist selten wirklich dringend, eine neue Status-Meldung bei Facebook schon gar nicht.

Damit ist Fokussieren zunächst einmal die Fähigkeit, zwischen echten und falschen Dringlichkeiten zu unterscheiden. Nicht alles, was dringend zu sein scheint, ist auch dringend – und nicht zwangsläufig wichtig. Ein Beispiel:

> *Ein Anruf ist immer dringend. Das Telefon klingelt, wir müssen reagieren und kurzfristig entscheiden, ob wir abnehmen oder den Anrufbeantworter für uns arbeiten lassen. Doch längst nicht jeder Anruf ist inhaltlich dringend oder wichtig. Ein Werbeanruf etwa ist weder das eine noch das andere.*

Leider gibt es keine wasserdichte Definition von echten Dringlichkeiten. Sie unterscheiden sich nach:

- Branche (z. B. kennt der Support viele echte Dringlichkeiten)
- Gepflogenheit (z. B. marschiert man nicht wegen jeder Kleinigkeit ins Büro des Kollegen; kommt also jemand, ist es wahrscheinlich dringend)
- bewusster Entscheidung (z. B. bin ich telefonisch erst ab 10 Uhr erreichbar; in dringenden Fällen bin ich per Handy erreichbar)

Was sind in Ihrem Umfeld die echten Dringlichkeiten? Haben Sie sich das schon einmal überlegt oder reagieren Sie auf alles sofort, was da kommt? Erstellen Sie eine Liste mit den echten Dringlichkeiten, die bei Ihnen auftreten können. Ich wette, es sind weniger als Sie denken.

Multitasking – die falsche Antwort

Bei uns landen ständig neue Aufgaben, Informationen und Dinge, die unsere sofortige Aufmerksamkeit einfordern. Wir reagieren, indem wir versuchen, verschiedene Dinge gleichzeitig zu machen oder sehr schnell hin und her zu springen.

Damit verlieren wir jede Effizienz und unsere Konzentration auf die aktuelle Aufgabe bricht augenblicklich zusammen. Auch wenn es gerne anders behauptet wird: Wir können uns nur auf eine einzige Sache konzentrieren. Wir können nicht gleichzeitig telefonieren und eine E-Mail schreiben. Oder am Brief weiterarbeiten und der Kollegin zuhören. Das geht nicht gleichzeitig.

Im Gegenteil: Wir meinen nur, wir würden zwei Dinge gleichzeitig tun. Tatsächlich springen wir zwischen den beiden Aufgaben sehr schnell hin und her. Die Folge: Unsere Fehlerquote verdoppelt (!) sich, wir werden gestresster und benötigen schließlich sogar mehr Zeit. Nicht zuletzt, weil wir die Fehler, die wir dadurch gemacht haben, wieder korrigieren müssen. Vom schlechten Eindruck, den wir damit hinterlassen, ganz zu schweigen.

Ähnliche Effekte haben auch schnelle und ständige Wechsel zwischen Aufgaben:

Ich schreibe an einem Bericht und überfliege zwischendurch die neue E-Mail, die soeben eingetroffen ist. Dann schreibe ich weiter, nehme kurz darauf einen Anruf entgegen. Kaum bin ich wieder am Bericht, fällt mein Blick auf eine unerledigte Aufgabe, an die ich dann ein paar Gedanken verschwende.

Auch so leidet die Qualität der Arbeit massiv. Bei jedem Wechsel zwischen Aufgaben oder Tätigkeiten muss der Fokus neu ausgerichtet werden. Wechseln wir in hoher Frequenz hin und her, erreichen wir nie die Leistung, die wir erreichen könnten, und rufen folglich nicht unser gesamtes Potenzial ab.

Multitasking funktioniert nur, wenn wir nicht für beide Aufgaben unsere volle Aufmerksamkeit benötigen. Deshalb können wir joggen und einen Podcast hören oder kochen und Radio hören oder bügeln und gleichzeitig fernsehen.

Multitasking und das schnelle Wechseln zwischen Aufgaben ist besonders im Berufsleben in hohem Maße ineffizient und anstrengend. Leider gehört es heute häufig dazu, parallel an verschiedenen Dingen zu arbeiten. Es gibt sogar gewisse Jobs, bei denen ein solcher Arbeitsstil sozusagen zum Profil gehört: Etwa am Empfang, in Sekretariaten oder im Support.

Trotzdem benötigen Sie in jedem Beruf auch Zeiten, in denen Sie sich nur auf eine einzige Sache konzentrieren müssen. Die Fragen sind nur:

- Wie viel Hin- und Herspringen kann ich vertragen?
- Wie viele Aufgaben habe ich, die meine Konzentration ohne Unterbrechung für längere Zeit benötigen? (Beispiel: Ein Buchhalter hat viele solche Aufgaben, ein Supportmitarbeiter eher wenige.)
- Wie viel Hin- und Herspringen ist sinnvoll?

Ablenkungen minimieren

Wir können und dürfen nicht jede Ablenkung vermeiden. Wir können aber in einem gewissen Maß entscheiden, welche Ablenkungen wir dauerhaft zulassen und welche nicht. Meistens können wir sogar bewusst entscheiden, wie lange wir uns täglich gar nicht ablenken lassen wollen (und etwa das Telefon ausschalten). Das wird Ihnen leider nicht geschenkt, sondern Sie müssen es sich erkämpfen und dann konsequent durchsetzen. Sind Sie nicht in einer Position, in der Sie das allein entscheiden können, dann lohnt sich ein Gespräch mit Ihrem Vorgesetzten. Dann ist es nur noch eine Sache der Organisation. Sprechen Sie auch mit Ihren Kollegen darüber und finden Sie Wege, wie sich jeder im Team unterbrechungsfreie Zeiten schaffen kann.

In vielen Unternehmen ist es üblich, das Telefon gelegentlich für eine Stunde auf den Kollegen oder die Zentrale umzuleiten, wenn jemand hochfokussierte Zeit benötigt. Oder Sie schalten für diese Zeit den Anrufbeantworter an. Es gibt auch Teams, in denen jedes Mitglied ein kleines Schild hat, das auf der einen Seite grün und auf der anderen Seite rot ist. Möchte jemand nicht gestört werden, dreht er das Schild einfach auf rot und die Kollegen unterbrechen ihn nur dann, wenn etwas wirklich sehr dringend ist.

Eine andere Möglichkeit ist, sich immer wieder dieselben Zeiten unterbrechungsfrei zu halten. Die ersten dreißig Minuten oder die erste Stunde am Morgen eignen sich dafür sehr gut. Oder vielleicht können Sie eine halbe Stunde früher anfangen und in dieser Zeit eine wirklich wichtige Aufgabe erledigen. Ist das bei Ihnen nicht möglich, dann können Sie Termine mit sich selbst ausmachen, wie ich auf Seite 91 beschrieben habe.

In jedem Fall können Sie die Mailbenachrichtigung ausschalten. E-Mails sind nie dringend. Der Absender weiß ja nicht, ob Sie überhaupt am Schreibtisch sitzen, in einem Meeting oder vielleicht sogar krank sind. Ist etwas wirklich dringend, werden Sie angerufen. Darauf können Sie sich verlassen. Deshalb können Sie auch problemlos die Mailbenachrichtigung ausschalten und nur noch gezielt in Ihren Posteingang schauen.

Vielleicht denken Sie, dass das alles bei Ihnen nicht geht. Das ist schon möglich, doch dann haben Sie Ihre Kollegen und Kunden so trainiert. Wenn Sie auf jede E-Mail postwendend antworten, wenn Sie jede Unterbrechung zulassen, dann wird das nicht nur genutzt, sondern irgendwann auch als selbstverständlich von Ihnen erwartet.

Es gibt auch in meinem Umfeld Gesprächspartner, bei denen ich weiß, dass sie sofort jede E-Mail beantworten. Denen schreibe ich auch selbst dann eine E-Mail, wenn etwas eher eilig ist. Durch ihr Handeln haben sie mich so trainiert.

Durchbrechen Sie dieses Verhalten und seien Sie konsequent, dann werden sich auch Ihre Gesprächspartner rasch daran gewöhnen. Wenn Sie Ihr neues Verhalten offen kommunizieren, können Sie viele Unterbrechungen schon auffangen, bevor sie überhaupt auftreten.

Viele meiner Kunden sind in Führungspositionen. Als Führungskraft wollen die meisten gerne erreichbar und ansprechbar sein. Deshalb pflegen viele eine Politik der offenen Tür. Leider hat das eine Kehrseite: Sie werden dann wirklich zu jedem Zeitpunkt und auch für Kleinigkeiten unterbrochen. Definieren und kommunizieren Sie lieber, wann Unterbrechungen möglich sind und wann nicht. Sie können ganz einfach festlegen, dass Sie bei geschlossener Tür nicht gestört werden dürfen (außer bei echten Dringlichkeiten). Oder Sie sind für Ihr Team jederzeit zwischen 10 und 12 Uhr und zwischen 15 und 17 Uhr ansprechbar.

Achtung: Versteckte Ablenkungen

Neben den üblichen Verdächtigen, die Sie unterbrechen, gibt es auch versteckte Ablenkungen. Das sind nicht unbedingt klassische Unterbrechungen, bei denen es klar ist, dass sie Sie aus Ihrer Konzentration reißen. Sondern oft sind es hausgemachte Ablenkungen.

Denken Sie nur an Ihren Schreibtisch. Ich bin zwar ein bekennender Verfechter des leeren Schreibtischs, doch ich weiß, dass sich nicht jeder an einem leeren Schreibtisch wohlfühlt. Trotzdem sollten Sie Ihren Schreibtisch täglich aufräumen. Ihr Schreibtisch sollte soweit aufgeräumt sein, dass Sie diese drei Fragen mit „Ja" beantworten können:

- Fühle ich mich wohl an meinem Schreibtisch?
- Finde ich ein beliebiges Dokument innerhalb von 30 Sekunden?
- Ist garantiert, dass ich nichts verlegen oder vergessen kann?

Ihr Schreibtisch muss nicht komplett leer, doch mindestens aufgeräumt sein und es sollten sich so wenige Dinge wie möglich darauf befinden. Der Grund ist: Je mehr Sie auf Ihrem Schreibtisch stehen haben, desto mehr lassen Sie sich ablenken. Sie sehen nämlich ständig lauter Dinge, die Sie auch noch erledigen müssen. Selbst diese kleinen Ablenkungen unterbrechen Ihren Fokus auf die aktuelle Aufgabe, ohne dass Sie davon einen Nutzen haben. Das muss nicht sein und gehört für mich in die Kategorie „Ablenkungen, die wir uns selbst einhandeln, die aber nicht nötig wären".

Ein anderes Beispiel ist das aufgabeninterne Multitasking. Dass wir nicht mehrere Dinge gleichzeitig machen können und dass uns das ständige Hin- und Herspringen zwischen den Aufgaben unseren Fokus kostet, leuchtet rasch ein. Doch selbst wenn wir uns auf eine Aufgabe fokussieren wollen, springen wir häufig zwischen Teilen davon hin und her.

> *Ein Beispiel: Wir schreiben einen Brief, einen Text oder eine längere E-Mail. Während des Schreibens korrigieren wir einen Tippfehler im letzten Satz. Bei der Gelegenheit formulieren wir einen Satz im Abschnitt vorher rasch um und setzen noch einen Satz oder einen Zwischentitel fett. Dann springen wir wieder zum Ende des Textes, um weiterzuschreiben.*

Diese Praxis nenne ich aufgabeninternes Multitasking. Wir schreiben, korrigieren und editieren gleichzeitig. Die Folge: Sprunghafte Texte ohne roten Faden. Was bei einer E-Mail nicht so schlimm sein mag, ist bei einem Brief oder einem längeren Text problematisch. Die heutigen Schreibprogramme verleiten natürlich zu diesem Vorgehen. Schließlich können wir damit praktisch im Vorbeigehen den Text nicht nur schreiben, sondern auch korrigieren und gestalten.

Sie könnten die Qualität Ihrer Texte ganz einfach erhöhen, indem Sie nur schreiben, wenn Sie schreiben, nur korrigieren, wenn Sie korrigieren, und nur editieren, wenn Sie editieren. Das kostet Sie unterm Strich nicht mehr Zeit, dafür steigt die inhaltliche Qualität Ihres Ergebnisses stark an. Dafür gibt es übrigens sogar spezielle Schreibprogramme, die nur eines können: Schreiben. Googeln Sie nach „ablenkungsfreies Schreiben" und Sie werden schnell fündig.

Der Schreibtisch und das aufgabeninterne Multitasking sind nur zwei Beispiele für hausgemachte Ablenkungen. Achten Sie in den nächsten Tagen darauf und Sie werden bestimmt noch die eine oder andere ähnliche Ablenkung finden. Versuchen Sie, die Ablenkungen zu eliminieren oder zu verhindern. Hier sind noch drei Beispiele:

- Die ständigen Mitteilungen auf Ihrem Smartphone über alles Mögliche: Lassen Sie nur die Mitteilungen aktiviert, die Sie wirklich brauchen.
- Das ständige Checken der Social Media: Gewöhnen Sie sich das ab oder installieren Sie ein Tool, das gewisse Seiten für gewisse Zeiten sperren kann.
- Das Radio im Hintergrund: Musik lenkt meistens nicht ab, wenn Sie die Musik bereits kennen. Die Berieselung durch Radioprogramme kann hingegen sehr ablenken, wegen der Unterbrechungen durch den Sprecher, der Nachrichten oder der Werbung.

Der langfristige Fokus: Halten Sie Ihre Ziele im Blick

Zu Anfang des Buchs ab Seite 39 haben Sie sich mit Ihrer Basis beschäftigt: Ihren Rollen und den Dingen, die Ihnen wirklich wichtig sind. Sie dienen Ihnen als Kompass und als Wanderkarte im Alltag Ihrer Aufgaben. Je mehr es Ihnen gelingt, sich genau darauf zu fokussieren, desto erfolgreicher, produktiver und zufriedener werden Sie sein. Schließlich tun wir alle das, was wir tun, immer aus einem bestimmten Grund – ob bewusst oder unbewusst.

Ihr Fokus umfasst also immer mehr als „nur" Unterbrechungen zu minimieren und den Schreibtisch aufzuräumen. Entscheidend ist die Schlüsselfrage:

 Bringt mich das, was ich im Moment tue, meinem wichtigsten Ziel näher?

Diese Frage sollte immer präsent sein, sodass Sie immer wieder prüfen können, ob Sie noch auf Kurs sind oder Korrekturen vornehmen müssen.

Am besten schreiben Sie sich diese Frage schön auf und hängen Sie irgendwo hin, wo Sie sie immer wieder sehen. Hängen Sie sie groß an die Wand oder hängen Sie einen Zettel mit dieser Frage an Ihren Bildschirmrand. Falls Sie beides nicht möchten, können Sie die Frage an einen Ort anbringen, den Sie täglich mehrmals aufsuchen (z. B. im Schrank mit den Kaffeetassen). Damit gelingt es Ihnen besser, sich immer wieder zu hinterfragen und zu prüfen, ob Sie noch auf dem Weg zu Ihrem wichtigsten Ziel sind.

Tipp 6:
Arbeiten Sie in Ihrem Rhythmus

Unser Leben und unser Körper werden von einer biologischen Uhr gesteuert, die in unserem Kopf sitzt, und vielen weiteren, kleinen Uhren, die in unserem ganzen Körper sitzen. Bestimmt haben Sie schon einmal von Schlafphasen gehört. Jede Nacht durchschlafen wir mehrmals etwa 90-minütige Schlafzyklen: vom Wachzustand über den Leichtschlaf in den Tiefschlaf und die REM-Phase und wieder zurück zum Wachzustand. Diese Schlafphasen nehmen Sie besonders dann wahr, wenn Sie aus einer Tiefschlafphase geweckt werden. Sie fühlen sich orientierungslos und sehr müde.

Nicht nur unser Schlaf und unser gesamtes Leben folgen verschiedenen Rhythmen, sondern auch alle Abläufe in der Natur. Denken Sie nur an die Abfolge der Jahreszeiten, den Wechsel von Tag und Nacht oder die Mondphasen. Unsere innere Uhr bestimmt unseren Tagesablauf durch die Ausschüttung von Hormonen. So werden wir abends ganz natürlich müde und morgens aktiv.

Vielleicht sind Sie über den letzten Satz gestolpert. Denn nicht jeder wird abends müde, sondern einige von uns werden erst sehr spät müde. Das sind dann die Nachtmenschen, die Eulen, die morgens Probleme mit dem Aufstehen haben. Morgenmenschen – oder Lerchen – hingegen werden abends früh müde und können dafür morgens problemlos aufstehen.

Unser moderner Lebensstil kümmert sich leider nicht um unseren natürlichen Rhythmus. Wir verbringen sehr viel Zeit in Innenräumen und erhalten so weniger Licht, als wir benötigen. Oder wir reisen über Zeitzonen hinweg. Oder wir arbeiten im Schicht-betrieb. Oder wir schlafen zu wenig. Manchmal können wir gar nichts dafür. Eltern können sich beispielsweise nicht immer aus-suchen, wie lange sie schlafen möchten. Nichtsdestotrotz kann dieses Leben gegen den natürlichen Rhythmus Folgen haben: von Schlafproblemen über Essstörungen bis hin zu Energielosigkeit oder Depressionen. Wir wollen aber den Teufel nicht an die Wand malen, sondern lieber überlegen, was uns dieses Wissen für unsere Produktivität bringt.

Ganz normal: Hochs und Tiefs

Ähnlich wie bei den Schlafphasen durchleben wir auch tags-über einen etwa 90-minütigen Rhythmus mit Hochs und Tiefs. Die Hochs und Tiefs sind zwar nicht so stark ausgeprägt wie in der Nacht, aber sie zeigen sich trotzdem deutlich in wechselnder Leistungsbereitschaft und -fähigkeit. In den verschiedenen Pha-sen eines Zyklus hat man unterschiedlich viel Energie. Die Arbeit und die Konzentration fallen einem je nachdem leichter oder eben schwerer. Diesen Zyklus kann man ausnutzen, um den Tag optimal zu planen – sofern man die Freiheit hat, den Tag selber einzuteilen.

Der Zyklus lässt sich grob in 5 Phasen unterteilen:

Beginnen wir mit einer der schönsten Phasen, dem *Aufstieg*. Sie spüren, wie Ihre Energie langsam aber sicher ansteigt. Sie nimmt zu, hat den Höhepunkt aber noch nicht erreicht. Diese Phase ist sehr angenehm, weil Sie merken, wie Ihre Konzentration und Leis-tungsfähigkeit zunehmen. Motivation und Spaß schließen sich dem meistens an und nehmen auch zu.

Irgendwann ist ein Gipfel erreicht. Das ist ein *Zwischenhoch*. Jetzt ist Ihre Energie schon recht hoch, aber noch nicht auf dem Maximum des Tages. Der Nachteil jedes Gipfels ist leider, dass es auf der anderen Seite wieder bergab geht.

Nach diesem Hoch nimmt also Ihre Energie wieder ab. Das ist die Phase des *Abstiegs*. Diese Phase ist natürlich weniger angenehm. Ihr Energielevel und Ihre Motivation sinken. Es geht nicht mehr richtig vorwärts, Ihre Leistung nimmt ab.

Irgendwann erreichen Sie den Tiefpunkt. Das ist dann ein *Zwischentief*. Sitzen Sie in diesem Energietal, schweifen Ihre Gedanken ab, Ihre Aufmerksamkeit lässt nach und vielleicht müssen Sie häufig gähnen. Aber bei so einem Zwischentief können Sie sich noch aufraffen und müssen nicht gleich ins Bett.

Neben diesem ständigen Auf und Auf, also dem Wechsel von Zwischenhoch und Zwischentief, erreichen Sie wenige Male am Tag das absolute *Energiehoch*. Das ist der höchste Punkt Ihrer Energie im Verlauf eines Tages. Die Konzentration und die Leistung sind hoch, Ihre Stimmung ist hervorragend. Sie kommen so richtig vorwärts mit Ihrer Arbeit. Solche absoluten Hochs erreichen Sie höchstens zwei- bis dreimal pro Tag. Dazwischen gibt es zwar Zwischenhochs, wo die Energie auch hoch ist, aber noch nie so hoch wie hier. Die Energiehochs sind also Ihre wertvollste Zeit überhaupt.

Wie lange Sie sich in welcher Phase befinden, lässt sich nicht genau voraussagen, weil die Grenzen fließend sind und der Rhythmus nicht immer ganz genau gleich verläuft. So ungefähr lässt sich allerdings von einem Rhythmus von 90 Minuten ausgehen mit Aufstieg, (Zwischen-)Hoch, Abstieg und Zwischentief.

Es kann aber durchaus auch sein, dass Sie eine ganze Stunde ein absolutes Energiehoch erleben. Dafür gehen der Auf- und der Abstieg sehr zügig vonstatten. Gerade Morgenmenschen erleben häufig einen sehr schnellen Aufstieg zu ihrem ersten Energiehoch, auf dem sie dann recht lange bleiben.

BEOBACHTEN SIE IHRE ENERGIE

Sie können Ihr aktuelles Energielevel ganz einfach herausfinden[5]: Fragen Sie sich zu jeder vollen Stunde, wie viel Power Sie momentan auf einer Skala von eins bis zehn haben und notieren Sie den Wert. Wenn Sie mögen, können Sie am Ende des Tages daraus eine Kurve zeichnen. Das ist natürlich eine völlig subjektive Messung, doch sie genügt für unsere Zwecke. Messen Sie am besten Ihre Energie an zwei oder drei Tagen und schon haben Sie ein gutes Bild davon.

Schützen Sie Ihre Tiefs

Die Aufstiegsphasen und die Hochs sind natürlich interessant. Doch gerade auch die Tiefs sollten unsere Aufmerksamkeit erhalten. Zwischentiefs sind nicht einfach eine Schikane der Natur, sondern essentiell wichtig für Körper und Geist. In einem solchen Tief schöpfen nämlich beide neue Kraft für das nächste Hoch. Leider ignorieren wir diese Tiefs oder versuchen, sie durch Aufputschmittel wie Kaffee zu verdrängen. Die Folge: Zwar sind wir weniger lang im Tief, doch dafür haben wir uns selbst Erholung entzogen, die wir gerade jetzt brauchen würden. Das nimmt uns den Schwung

---

5   Meine Vorlage für Ihre Tabellenkalkulation hilft Ihnen, Ihre Energiekurve zu erfassen und als Grafik darzustellen. Sie erhalten die Vorlage unter www.ivanblatter.com/klueger.

für das nächste Hoch, das dann entsprechend schwächer ausfallen wird oder ganz wegfällt.

Viel geschickter ist es, die Tiefs zuzulassen und eine echte Pause zu machen, in der wir uns so richtig erholen. So erleben wir eher und höhere Hochs. Pausen sind also keine Zeitverschwendung, sondern im Gegenteil: Die Zeit, die wir für eine Pause brauchen, holen wir nachher locker mehrfach durch höhere Produktivität, Effizienz, Effektivität und Konzentration wieder auf. Denn niemand kann acht Stunden oder länger ununterbrochen auf hohem Niveau arbeiten. Nehmen wir unsere Tiefs als Pausen richtig ernst, sind wir abends auch weniger müde, erschöpft oder gestresst und schlafen besser. Das gibt uns wieder mehr Energie für den nächsten Tag.

Nutzen Sie Ihre Hochs

Sie haben bereits gelernt, wie Sie sich besser fokussieren können. Gelingt es Ihnen, den Fokus und Ihren Energiezyklus aufeinander abzustimmen, wird Ihre Produktivität geradezu explodieren!

Die Hochs und besonders die absoluten Hochs sind Ihre persönliche Primetime: Hier haben Sie am meisten Energie. Es wäre doch schade, wenn Sie diese Zeiten mit unwichtigen Aufgaben, Routinen oder langweiligen Meetings vergeuden. Viel geschickter ist es, diese Zeiten für die schwierigen und wichtigen Aufgaben zu nutzen. Versuchen Sie deshalb soweit wie möglich Ihre Hochs gezielt dafür zu nutzen. Legen Sie Ihre Termine entsprechend darum herum und schalten Sie besonders in diesen Phasen alle Unterbrechungen aus, ziehen Sie sich zurück und fokussieren Sie sich auf Ihre wichtigsten Aufgaben.

In der Praxis ist das natürlich nicht immer möglich. Als Morgenmensch habe ich eines meiner Hochs ungefähr um 10 Uhr. In meiner Zeit als Angestellter war das bei einem Job genau die Zeit für die gemeinsame Kaffeepause. Von der konnte ich mich natürlich nicht zurückziehen, weil die Pause sehr wertvoll für den Teamzusammenhalt ist. Dafür habe ich versucht, meine anderen Hochs soweit wie möglich für meine Aufgaben zu nutzen.

Den Wochenend-Jetlag vermeiden

Nicht nur unser Tag verläuft rhythmisch, sondern auch unsere Woche. Unser Körper liebt die Regelmäßigkeit. Wenn es nach ihm ginge, gingen wir jeden Tag zur selben Zeit ins Bett und stünden jeden Tag zur selben Zeit auf.

Doch was machen wir? Wir freuen uns aufs Wochenende und genießen jede Minute davon. Wir unternehmen Dinge, gehen abends aus und entsprechend deutlich später ins Bett und schlafen uns morgens so richtig aus. Dadurch rütteln wir unseren Rhythmus komplett durch.

Dieser durchgreifend andere Rhythmus am Wochenende trägt deshalb auch den Namen Wochenend-Jetlag. Tatsächlich lassen sich dieselben Effekte wie bei einem Jetlag messen, wenn wir am Wochenende deutlich später ins Bett gehen und länger schlafen. Am Montag sind wir dann nicht so richtig ausgeruht und haben Mühe, in die Gänge zu kommen.

Der bekannte Montagsblues ist also nicht nur die Unlust auf die Arbeit, sondern häufig stattdessen der Wochenend-Jetlag. Der ließe sich im Prinzip leicht vermeiden ... Aber wer möchte schon am Wochenende früh ins Bett gehen oder genauso früh wie unter der Woche aufstehen?

Als Kompromiss können Sie sich deshalb an folgende zwei Regeln halten:

1. Stehen Sie am Wochenende höchstens eine Stunde später auf als sonst.
2. Gehen Sie höchstens einmal pro Woche deutlich später ins Bett. Das kann unser Körper problemlos verdauen. Mehr leider nicht.

Nebenbei bemerkt: Schlafen Sie normalerweise am Wochenende deutlich länger als unter der Woche, ist das ein deutliches Zeichen dafür, dass Sie ein Schlafmanko haben. Die viel bessere Strategie wäre, unter der Woche früher ins Bett zu gehen.

Weshalb Pausen so wichtig sind

Pausen haben heutzutage einen schlechten Ruf. Als produktiv gelten diejenigen, die acht oder mehr Stunden durcharbeiten. Wer Pause macht, ist suspekt. Vielleicht hat er ja nicht genug zu tun oder ist einfach nur faul. Selbst die Mittagspause verkommt zum Business-Lunch, um ja keine Minute zu vergeuden.

Was für eine fatale Einstellung! Wer keine Pausen macht, ist deutlich unkonzentrierter, ineffizienter und beutet sich selbst aus. Wir sind keine Maschinen. Wir können nicht immer nur Vollgas geben.

Die reine Präsenz am Arbeitsplatz sagt ohnehin gar nichts über die Leistung oder die Qualität der Arbeit aus.

Leider wird diese fatale Pausenlosigkeit sogar noch belohnt. Häufig werden diejenigen befördert, die immer am Arbeitsplatz sitzen. Beim Stellenabbau trifft es diejenigen, die anscheinend ohnehin nicht genug zu tun haben, denn schließlich machen sie ständig Pause.

Das ist keine einfache Situation, doch Pausenlosigkeit führt früher oder später zur Erschöpfung. Wenn Sie glauben, dass der Verzicht auf Pausen von Ihnen gefordert wird, sollten Sie zunächst überprüfen, ob das tatsächlich so ist oder nur Ihre irrige Annahme. Falls es wirklich so ist, sollten Sie sich fragen, ob das mit Ihren Werten übereinstimmt und ob Sie bei einem solchen Arbeitgeber bleiben möchten. Denn schließlich sind Pausen fest im Arbeitsrecht verankert.

So machen Sie richtig Pause

Arbeitsexperten wissen längst: Wir sollten mehrmals pro Tag Pause machen. Als Faustregel gilt: Nach 45 Minuten sind fünf Minuten Pause notwendig. Nach 90 Minuten ist eine Pause von zehn Minuten angebracht. Nach vier Stunden darf man ohne schlechtes Gewissen 30 Minuten Pause einschieben.

Da ein Energiezyklus ungefähr 90 Minuten dauert, ist es nachvollziehbar, dass wir alle 90 Minuten eine Pause von mindestens zehn Minuten brauchen. Mindestens diese Pause sollten Sie sich in jedem Fall gönnen.

Sie merken jedoch selbst, wenn Sie eine Pause brauchen. Noch besser ist es, wenn Sie eine Pause machen, bevor Sie sie unbedingt brauchen. Sie tanken ja Ihren Wagen auch nicht erst, wenn der Tank komplett leer ist. Sind Sie leicht reizbar, können Sie sich nicht mehr konzentrieren, sind Sie unmotiviert und lustlos, machen Sie Fehler oder haben Sie keinen Biss mehr, dann ist es definitiv Zeit für eine Pause.

Am besten teilen Sie Ihren Arbeitstag in 60 bis 90 Minutenblöcke. Dann machen Sie eine Pause von fünf bis zehn Minuten. Nutzen Sie diese Pause wirklich zur Erholung. Mal schnell die E-Mails checken oder bei Facebook reingucken, sind keine Pausen. Stehen Sie lieber auf, öffnen Sie ein Fenster, atmen Sie durch. Oder machen Sie ein paar Dehnübungen. Oder holen Sie sich ein Glas Wasser, das Sie langsam und bewusst trinken.

Nach etwa vier Stunden ist dann eine größere Pause angesagt. Glücklicherweise ist dann ohnehin Zeit für die Mittagspause oder sogar den Feierabend. Schützen Sie besonders Ihre Mittagspause. Eine Kleinigkeit vor dem Bildschirm ist keine Pause, sondern halbherzige Arbeit. Verlassen Sie lieber Ihren Arbeitsplatz, gehen Sie an die frische Luft und tanken Sie etwas Tageslicht. Essen Sie etwas Leichtes und tun Sie etwas, was Sie gerne tun (Lesen, Spazieren, Sport usw.).

Zwei optimale Arbeitsrhythmen

Es mag merkwürdig klingen, doch manchmal vergessen wir schlicht und einfach, Pause zu machen. In dem Fall kann es Ihnen helfen, Ihre Arbeit sehr regelmäßig und rhythmisch einzuteilen. Zwei gute und bewährte Rhythmen stelle ich Ihnen im Folgenden vor.

Die Pomodoro-Technik

Francesco Cirillo entwickelte in den 1980er-Jahren eine einfache Methode, um einen guten Wechsel zwischen Arbeit und Pausen zu erreichen. In seinen ersten Versuchen nutzte er einen Küchenwecker, der aussah wie eine Tomate. Tomate heißt auf Italienisch Pomodoro. So entstand der Name der Methode: Pomodoro-Technik.

In den letzten Jahren wurde diese Methode sehr bekannt. Sie besteht aus fünf einfachen Schritten und garantiert einen optimalen Wechsel zwischen hochfokussierten Zeiten und Pausen.

1. Im ersten Schritt erstellen Sie eine Liste mit allen Aufgaben, die Sie im kommenden Arbeitsblock erledigen möchten. Das ist keine zusätzliche Aufgabenliste, sondern ein Planungsinstrument. Sie picken also die Aufgaben heraus, die Sie jetzt erledigen möchten. Ein Arbeitsblock dauert genau zwei Stunden.

2. Dann stellen Sie in einem zweiten Schritt einen Timer auf genau 25 Minuten. Nutzen Sie wie Francesco Cirillo einen Küchentimer oder Ihr Smartphone. Am schnellsten starten Sie übrigens auf

Ihrem Smartphone einen Timer mit dem Sprachassistenten. Sie können ihn starten und einfach sagen: „Timer in 25 Minuten".

3. Im dritten Schritt geht es dann darum, sich auf die Aufgaben der Liste zu konzentrieren. Schalten Sie alle Unterbrechungen aus, lassen Sie sich nicht ablenken und fokussieren Sie sich nur auf die Aufgaben auf Ihrer Liste. Springen Sie auch nicht zwischen den Aufgaben hin und her, sondern beginnen Sie mit einer und bleiben Sie dran, bis sie erledigt ist oder bis der Timer klingelt.

4. Sind die 25 Minuten vorbei, folgt der vierte Schritt. Machen Sie einfach ein Kreuz neben der Aufgabe. Ein 25-Minuten-Block entspricht einem Pomodoro. Am Ende des Tages sehen Sie dann sehr schön, wie viele Pomodori Sie pro Aufgabe aufgewendet haben.

5. Anschließend machen Sie als fünften Schritt genau fünf Minuten Pause. Nutzen Sie auch für diese Pause einen Timer. Stehen Sie auf, bewegen Sie sich ein wenig, trinken Sie etwas Wasser.

Beginnen Sie anschließend wieder mit einem neuen Pomodoro. Stellen Sie also den Timer wieder auf 25 Minuten und arbeiten Sie fokussiert an Ihren Aufgaben. Haben Sie dann vier Pomodori lang gearbeitet (das entspricht viermal 25 Minuten plus Pausen dazwischen), dann machen Sie eine echte Pause von 20 bis 30 Minuten.

Nimmt man alles zusammen, dauert ein ganzer Arbeitsblock knapp zweieinhalb Stunden: Viermal 25 Minuten Arbeit, dreimal fünf Minuten Pause und einmal 30 Minuten Pause. So wechseln Sie in einem Arbeitsblock zwischen Leistungssprints und kurzen Pausen ab. Das ist ein optimaler Rhythmus für fokussierte Arbeit. Am Ende sehen Sie dank der Kreuze neben den Aufgaben auch, wie viel Zeit Sie welcher Aufgabe gewidmet haben.

Wichtig ist, die Zeiten genau einzuhalten und den Timer ernst zu nehmen. Auch die Liste mit den Aufgaben ist wichtig. So überlegen Sie vorher, was Sie tun wollen und können sich dann in den Arbeitsblöcken auf die Arbeit an sich fokussieren. Überlegen Sie sich auch vor einem Arbeitsblock, was Sie in den Pausen tun wollen – besonders in der langen Pause am Ende. Machen wir spontan Pause, ist die Versuchung immer groß, Dinge zu tun, die keine Erholung bringen: E-Mails checken, im Internet surfen usw.

Vermutlich lässt es Ihr Tag nicht zu, nur nach der Pomodoro-Technik zu arbeiten. Sie können ja nicht die ganze Zeit alle Unterbrechungen ausschalten. Schauen Sie aber, dass Sie jeden Tag einen oder sogar zwei Blöcke unterbringen können – Ihre Produktivität wird es Ihnen danken!

Die 60–60–30-Methode

Sind Sie in Ihrer Arbeitseinteilung mehr oder weniger frei und werden Sie wenig unterbrochen, gibt es eine Alternative zur Pomodoro-Technik: 60–60–30. Wie die Pomodoro-Technik versucht auch 60–60–30 einen optimalen Wechsel zwischen Arbeit und Pause zu erreichen und damit unserem Energiezyklus Rechnung zu tragen.

Die erste 60 steht für einen Block aus 60 Minuten. Er teilt sich auf in 55 Minuten hochfokussierte Arbeit und fünf Minuten Pause. Die Arbeitszeit am Stück ist also bedeutend länger als bei der Pomodoro-Technik. Natürlich sind auch bei dieser Methode alle Unterbrechungen auszuschalten und es gilt, sich nur auf die Aufgaben zu fokussieren, die vor einem liegen. Auch für die Pause am Ende gilt, sich bewusst zu erholen, etwas anderes oder gar nichts zu tun.

Nach diesen ersten 60 Minuten folgen die zweiten. Der zweite 60-Minuten-Block ist nicht weiter unterteilt, sondern allein der hochfokussierten Arbeit gewidmet.

Dafür folgt im dritten Block Erholung pur. Jetzt haben Sie ganze 30 Minuten Zeit, sich zu erholen. Verlassen Sie Ihren Arbeitsplatz, trinken Sie etwas Wasser, essen Sie eine Kleinigkeit (z. B. ein paar Nüsse, etwas Obst oder eine kleine, gesunde Zwischenmahlzeit), sorgen Sie für Bewegung oder legen Sie sich für 20 Minuten hin.

60–60–30 berücksichtigt Ihren Energiezyklus optimal und sorgt für einen guten Wechsel von Fokus und Entspannung. So wird es Ihnen gelingen, Ihre Energie den ganzen Tag über hoch zu halten und Ihre Produktivität nachhaltig zu steigern.

Die größten Herausforderungen von Pomodoro und 60–60–30

Beide Methoden zur Rhythmisierung der Arbeitszeit sind eigentlich recht simpel. Trotzdem gibt es zwei große Herausforderungen:

1. das Eliminieren aller Unterbrechungen
2. das Zulassen der 30-Minuten-Pausen

Häufig meinen wir, wir müssten immer erreichbar sein. Das stimmt aber nicht! Wir müssen gut und regelmäßig erreichbar sein, doch niemand – außer Polizei, Notarzt und Feuerwehr – muss immer erreichbar sein. Außerdem können Sie sich darauf verlassen: Bei echten Notfällen werden Sie schon gefunden. Wie Sie im Fokus-Kapitel gelernt haben, benötigen viele Aufgaben unsere volle Konzentration. Kunden sind meistens mehr daran interessiert, dass Sie gute Arbeit rasch abliefern können, als dass Sie zu jeder Zeit erreichbar sind. Ist klar definiert und kommuniziert, wann Sie erreichbar sind, und wer Ihre Stellvertretung übernimmt, ist es fast immer möglich, sich Fokus-Zeiten einzurichten. Natürlich können Sie sich nicht immer zurückziehen, doch für gewisse Zeiten schon.

Aber die größere Herausforderung ist, die Pause zuzulassen. Sie müssen Ihre innere Einstellung zum Pausemachen grundlegend ändern, damit Sie es schaffen, schon nach zwei Stunden Arbeit ganze 30 Minuten Pause zu machen. Ich kann Ihnen aber versprechen: Die Leistung dieser 30 Minuten geht nicht verloren, sondern Sie holen sie problemlos und sogar mehrfach im Lauf des Tages auf – einfach weil Sie mehr Power haben, sich besser konzentrieren können und dadurch effizienter und effektiver arbeiten.

Im Idealfall bauen Sie jeden Tag zwei Pomodoro- oder 60–60–30-Blöcke ein, vielleicht einen am Vormittag und einen am Nachmittag. Je früher im Laufe des Tages Sie so einen Block einbauen, desto besser. Dann sind Sie nämlich noch frisch und in der Regel ist es dann einfacher, alle Unterbrechungen auszuschalten.

Das wird Ihnen nicht jeden Tag gelingen: Manchmal haben Sie einfach viele Termine. Doch selbst ein Block ist besser als gar keiner. Setzen Sie sich aber damit nicht unter Druck. Es gibt Tage oder vielleicht sogar eine oder zwei Wochen hintereinander, wo es einfach nicht geht.

Geben Sie diesen Blöcken grundsätzlich eine hohe Priorität. Nach und nach werden Sie lernen, Ihre Termine so zu setzen und zu bündeln, dass Sie immer wieder längere Zeitabschnitte haben, die nicht verplant sind. Hier können Sie dann Ihre Blöcke setzen.

Beide Methoden stoßen schnell an ihre Grenzen, wenn Ihre Arbeit sehr fremdbestimmt ist: viele Anrufe, viele Unterbrechungen, viele Termine. Bevor Sie die Methoden aber vorschnell ablehnen, sollten Sie zuerst eins überprüfen:

- Sind Sie wirklich fremdbestimmt?
- Oder lassen Sie sich fremdbestimmen?

Wir müssen uns nämlich nicht ständig fremdbestimmen lassen. Häufig lassen wir Fremdbestimmung zu, ohne weiter darüber nachzudenken. In diesen Fällen brauchen Sie etwas Mut, um Nein zu sagen und das auch durchzusetzen. Das ist durchaus möglich!

Welche Methode wann?

Die Pomodoro-Technik ist zu Beginn vermutlich einfacher umzusetzen als 60–60–30. Der Grund ist, dass in vielen Berufen höchstens 25 Minuten ohne Unterbrechung realistischer sind. Beide
Rhythmen eignen sich hervorragend, um fokussiert zu arbeiten. Es
kommt auf Sie an, was bei Ihnen besser funktioniert. Haben Sie
eher kleinteilige Aufgaben, ist die Pomodoro-Technik sicher nicht
verkehrt. Bringt Ihr Job es mit sich, dass Sie sich auch länger einer
Aufgabe widmen können und müssen, ist 60–60–30 ideal.

Natürlich sind auch Kombinationen möglich. So können Sie
durchaus am Vormittag einen 60–60–30-Block einbauen und am
Nachmittag die Pomodoro-Technik nutzen. Nachmittags fällt es
uns häufig schwerer, uns längere Zeit zu konzentrieren. Da passt
Pomodoro ideal.

Probieren Sie einfach aus und experimentieren Sie mit beiden
Rhythmen. Sie werden schnell erkennen, welcher Ihnen eher liegt.

Tipp 7: Arbeiten Sie schnell – aber ohne Hetze

Die Kunst eines guten Zeitmanagements besteht darin, Dinge zügig zu erledigen, ohne sich dabei selbst auszubeuten oder zu hetzen. Denn alles, was Sie tun, ist Ihre Visitenkarte und die Visitenkarte Ihres Unternehmens. Sie wollen bestimmt nicht den Ruf haben, dass Sie zwar alles schnell machen, doch ungenau oder zu flüchtig und oberflächlich.

Schnelligkeit wird häufig – zu Unrecht! – als Hetze, schlechtere Qualität und Stress verstanden. Dabei kann Ihnen Schnelligkeit helfen, Dinge effizient, zeitnah, stressfrei und zielgerichtet zu erledigen. Lassen Sie uns diese vier Begriffe genauer anschauen:

- **Effizient arbeiten heißt,** aus den vorgegebenen Mitteln das beste Ergebnis zu erreichen. Das klingt etwas technisch, doch heißt es in unserem Zusammenhang nur, das Beste aus sich zu machen. An manchen Tagen fühlen wir uns gut, ausgeschlafen, motiviert und konzentriert. Dann gelingt es uns natürlich besser, viel zu erreichen und richtig gute Arbeit abzuliefern. An anderen Tagen haben wir vielleicht weniger Energie, doch selbst dann können wir effizient arbeiten. Möglicherweise erreichen Sie nicht so viel wie an anderen Tagen, aber Sie tun, was Sie können. Das zeigt auch, dass ein gutes Zeitmanagement mit viel mehr Themen zu tun hat, als wir meinen. Es geht auch darum, sich so aufzustellen, dass Sie mehr tun können, ohne sich auszulaugen. Abends sind Sie dann vielleicht müde, aber nicht erschöpft und dafür so richtig zufrieden.

- **Dinge zeitnah zu erledigen,** heißt nicht, sie sofort zu erledigen, denn dann ließe man sich ständig unterbrechen. Zeitnahe Erledigung heißt, sobald wie möglich und schneller als die Konkurrenz. Schnelligkeit wird so zu einem klaren Wettbewerbsvorteil – solange die Qualität nicht darunter leidet. Der angenehme Nebeneffekt: Aufgaben bleiben auch nicht so lange bei Ihnen liegen. Sehen wir ständig all die Aufgaben, die wir auch noch tun müssen, kann das ganz schön demotivieren. Sind sie aber schnell weg, passiert Ihnen das nicht.

- **Erledigen Sie Ihre Aufgaben stressfrei,** kann das nur heißen, dass Sie im Flow sind. Das wird Ihnen nicht immer gelingen. Stress gehört ein Stück weit zur heutigen Arbeitswelt. Doch sie sollte nicht ausschließlich aus Stress bestehen. Schaffen Sie es hingegen, im Flow zu arbeiten, verfliegt die Zeit, Sie kommen mit Riesenschritten vorwärts und das Ganze macht Ihnen auch noch Spaß. Genau hierhin wollen wir!

- **Zielgerichtetes Arbeiten** ist die Grundlage für Produktivität. Was brächte es uns oder unserem Unternehmen, wenn wir einfach so vor uns hin arbeiteten, ohne in Richtung Ziel zu streben? In Zusammenhang mit der Schnelligkeit ist das eine grundlegende Eigenschaft: Wer schneller rennt, ist zwar früher im Ziel, aber nur, wenn er auf Kurs ist. Sonst rennt er zwar schnell, aber in die falsche Richtung.

Die Kunst bei der Schnelligkeit ist, diese vier Kriterien umzusetzen: effizient, zeitnah, stressfrei und zielgerichtet. Sonst wird Schnelligkeit zur Hetze und das ist alles andere als produktiv. Wer ständig hetzt, wird wie ein Ball im Flipperautomaten hin und her geschleudert. Hetze ist ungesund und hat nichts mit Schnelligkeit tun.

Schnelligkeit und Entschleunigung

Seit einigen Jahren gibt es eine Gegenbewegung zur sich immer schneller drehenden Welt, nämlich den Ruf nach Entschleunigung. Tatsächlich schließen sich Schnelligkeit und Entschleunigung nicht aus, sondern sie ergänzen sich. Schnelligkeit hat etwas mit der Erledigung zu tun, Entschleunigung mit Entscheidungen: Wie viel Tempo lasse ich in meinem (Arbeits-)Leben zu? Wo entscheide ich mich bewusst für ein geringeres Tempo?

So kann jemand mit einem Job, der zu einem entschleunigten Leben passt, natürlich trotzdem schnell arbeiten. Denken Sie an Mönche. Die leben ein stark rhythmisches, entschleunigtes Leben. Waren Sie schon einmal in einem Kloster, dann wissen Sie, dass Mönche trotzdem viel arbeiten und häufig ihre Aufgaben schnell und produktiv erledigen.

Die Entschleunigung kann also ein Wert sein, den ich für meine Entscheidungen (z. B. bei der Berufswahl) berücksichtige. Das Prinzip der Schnelligkeit greift erst dann, wenn wir etwas tun wollen, also etwas zu erledigen haben.

Grundsatz: Das Einmal-Prinzip

Schnelligkeit hat mit Hetze nichts zu tun, sondern vor allem mit guter Arbeitsorganisation. Wir verlieren nämlich häufig Zeit (und damit das Tempo) durch überflüssige Tätigkeiten, von denen wir nicht den geringsten Nutzen haben. Das sind die vielen Zeitfresser in unserem Alltag. Einer der häufigsten ist, Unerledigtes mehrmals in die Hand zu nehmen: Wir überfliegen eine Angelegenheit rasch. Ein paar Tage später nehmen wir sie wieder in die Hand, erinnern uns, dass wir das schon gesehen haben, und legen es wieder weg. Zwei Tage später erledigen wir das Ganze endlich. Was für ein unnötiger Zeitverlust! Gewöhnen Sie sich lieber an, Dinge nur einmal in die Hand zu nehmen und sofort eine Entscheidung zu treffen, was damit zu geschehen hat.

Selbstverständlich gibt es Dinge, die reifen müssen. Doch auch das ist eine Entscheidung: Ich weiß noch nicht, wie ich auf den heiklen Brief reagiere, ich muss noch darüber schlafen. Oder: Mit diesem Entwurf bin ich noch nicht zufrieden, ich lasse ihn ruhen und schaue ihn in einer Woche wieder an.

Es geht also nicht darum, alles sofort zu erledigen, sondern darum, sofort eine Entscheidung zu treffen, was damit zu geschehen hat. Erledigen Sie es nur dann sofort, wenn Sie es in weniger als zwei Minuten tun können. Ansonsten machen Sie einen Eintrag auf der Aufgabenliste und gehen zum nächsten Punkt. Dieser Grundsatz gilt besonders bei den Dingen, die von außen an uns herangetragen werden: Post, E-Mails, Anrufe.

Ist die Entscheidung getroffen, können Sie das Ganze (also den Brief, die E-Mail usw.) ablegen. Falls Sie einen Eintrag auf der Aufgabenliste gemacht haben und die Aufgabe dann später erledigen wollen, finden Sie sie schnell wieder. Sie ist ja in der Ablage, wo sie hingehört.

So erhöhen Sie die Schnelligkeit

Wir leben in einem technischen Zeitalter. Schnelligkeit kann mit technischen Hilfsmitteln erhöht werden, ohne dass die Qualität leidet und ohne dass Hetze entsteht. Unsere Geräte können viele Dinge besser und schneller als wir – wenn wir sie richtig bedienen. Das tun viele Menschen leider nicht. Dabei wäre es ein Leichtes, mit einfachen Mitteln die Technik wirklich auszunutzen und so die Effizienz zu erhöhen. Hier sind ein paar Beispiele:

- **Diktierfunktion:** Aktuelle Versionen der gängigen Betriebssysteme (Windows und Mac) haben bereits eine Diktierfunktion eingebaut. Was zunächst gewöhnungsbedürftig ist, spart sehr viel Zeit. Wir können meistens schneller sprechen als tippen. Es gibt darüber hinaus spezielle Diktatprogramme, die sogar noch präziser funktionieren. In jedem Fall ist es heute kein Problem mehr, Texte zu diktieren, anstatt sie zu tippen. Übrigens auch auf Ihrem Smartphone.

- **Tastaturkürzel[6]:** Will ich diesen Text hier speichern, drücke ich eine Tastenkombination. Ich bin damit um ein Vielfaches schneller, als wenn ich zur Maus greife, den Mauszeiger suche, umherfahre, auf „Datei" klicke, „Speichern" wähle und dann wieder zurück zum Text gehe. Zwar spare ich damit höchstens Sekunden, die sich aber im Laufe des Tages zu Minuten und dann zu Dutzenden von Minuten summieren.

---

6 Vielleicht kennen Sie die wichtigsten Tastaturkürzel gar nicht. Ich habe sie für Sie zusammengestellt. Fordern Sie das Merkblatt einfach unter www.ivanblatter.com/klueger an.

- **Textbausteine:** Dinge, die ich immer wieder schreibe (Anreden, Grußformeln, alles auf meiner Visitenkarte, ganze Absätze), tippe ich nicht mehr, sondern füge sie mithilfe von Kürzeln ein. Dahinter steckt ein Textbaustein-Programm, in das ich alle Kürzel gespeichert habe.

Das sind nur drei simple Beispiele, was technisch heute schon für jeden möglich ist. Man muss kein Experte oder Technik-Freak sein, um solche Dinge zu nutzen. Wie so oft im Zeitmanagement gilt auch in diesem Bereich: Zuerst müssen wir etwas Zeit investieren, um Zeit zu sparen. Wir müssen den Umgang neu erlernen, wir müssen neue Gewohnheiten entwickeln, doch mittel- bis langfristig erhalten wir das Mehrfache zurück.

Nutzen Sie Vorlagen

Aufgaben, die sich wiederholen, lassen sich so gut wie immer in Vorlagen, Checklisten oder Textbausteine unterteilen. Diese Dinge sparen Gehirnschmalz und Energie: Wir müssen nicht mehr überlegen, was wir als nächstes zu tun haben, sondern schauen auf die Checkliste und können direkt loslegen.

Natürlich kennen Sie Vorlagen, mindestens eine Briefvorlage gehört zu jeder Arbeit. Doch ich wette, dass Sie noch zu wenige Vorlagen benutzen. Sobald Sie einen Brief oder eine E-Mail mehr als einmal versenden, können Sie eine Vorlage nutzen. Zwar kostet es zunächst etwas Zeit, alle Vorlagen einzurichten (besonders bei Serienbriefen), doch es lohnt sich: Die investierte Zeit kommt mehrfach zurück. Hier die beiden Möglichkeiten, um Vorlagen einzurichten:

1. Nutzen Sie die Vorlagenfunktion einer Software. In vielen Programmen lassen sich Vorlagen einrichten. Das kennen Sie bestimmt aus Ihrer Textverarbeitung. Doch auch in vielen anderen Programmen ist das möglich. Kennen Sie sich nicht so gut aus, dann besuchen Sie unbedingt einen Computerkurs, suchen Sie im Internet nach „Vorlagen erstellen Programm (z. B. Excel, Powerpoint, Pages, Numbers, Keynote ...)" oder fragen Sie einen Kollegen.

2. Erstellen Sie „manuelle" Vorlagen. Bietet Ihr Programm keine Möglichkeit, Vorlagen für Ihren Bedarf zu erstellen, oder sind Vorlagen zu umständlich, dann können Sie auch manuell Vorlagen entwickeln. Dafür gibt es drei Möglichkeiten: Entweder kopieren Sie eine alte Datei, die ungefähr dem entspricht, was Sie brauchen, und verändern sie. (Passen Sie aber auf, dass Sie die alte Datei nicht überschreiben!) Oder Sie speichern verschiedene Vorlagen einfach als normale Texte und kopieren sie dann bei Bedarf in das entsprechende Programm. Ein Beispiel: Sie haben Ihre Produktinformationen in einem Word-Dokument oder in einer Textdatei gespeichert. Fragt ein Kunde per E-Mail danach, kopieren Sie den entsprechenden Absatz in die E-Mail. Die dritte Möglichkeit sind Textbausteine. Diese Möglichkeit stelle ich Ihnen gleich vor.

Mit Textbausteinen automatisch schreiben

Textbausteine eignen sich für alles, was Sie mehr als einmal eingeben müssen, besonders für alle Floskeln oder gleich bleibenden Informationen. Das können kurze Informationen sein (wie Ihr Name, Ihre E-Mail-Adresse, die Webseiten-Adresse, Ihre Straße usw.) oder ganze Passagen (häufig verwendete Formulierungen wie „Ich bin im Moment oft unterwegs, aber versuche, Sie in den nächsten Tagen anzurufen", Standardtexte in Briefen oder Bestellungen usw.).

Es lassen sich prinzipiell beliebig lange Texte als Baustein in entsprechenden Programmen speichern. Besonders für Texte oder Abschnitte, die Sie regelmäßig an andere Empfänger senden müssen, ist dieses Instrument ideal.

Verschicke ich eine Rechnung, ist sowohl der Betreff wie auch der E-Mail-Text immer genau gleich. Nur wenige Dinge ändern sich (z.B. die Rechnungsnummer). Ein perfektes Beispiel für einen Textbaustein, den ich auf Tastendruck einfügen kann.

Gewisse Programme kennen solche Textbausteine schon. Etwa Microsoft Office bringt sie mit der Funktion „Schnellbausteine" mit. Daneben gibt es viele Programme, die sozusagen im Hintergrund darauf warten, einen Textbaustein einfügen zu können (per Kürzel oder per Mausklick). Googeln Sie nach dem Stichwort „Textbausteine Windows" oder „Textbausteine Mac" und Sie werden schnell fündig.

Mailsignatur für Standardtexte

In Ihrem Mailprogramm haben Sie noch eine weitere Möglichkeit, standardisierte Texte schnell zu schreiben, nämlich über die Mailsignatur. Die Signatur ist eigentlich nichts anderes als ein vordefinierter Textbaustein, der an jede E-Mail angehängt wird. Das können Sie nutzen.

Kopieren Sie Ihre Standardsignatur und schreiben Sie vor der Signatur den Text hin, den Sie mehrfach verwenden wollen. Ein Beispiel:

> *Sie haben zu einer Konferenz eingeladen, zu der sich die Teilnehmer per E-Mail anmelden. Anschließend bestätigen Sie die Teilnahme mit einer kurzen E-Mail. Der Text dieser Bestätigung ist immer derselbe. Den können Sie einmal in eine Signatur eingeben und dann immer wieder nutzen. Vergessen Sie nur nicht, die Anrede korrekt zu schreiben!*

Checklisten

Abläufe, die immer gleich bleiben, gehören in eine Checkliste. Wiederholen sich irgendwelche Abläufe bei Ihrer Arbeit, dann schreiben Sie sie unbedingt auf eine Checkliste. So müssen Sie nicht jedes Mal überlegen, was als nächstes kommt oder ob Sie wirklich alles erledigt haben. Eine Checkliste garantiert, dass Sie nichts vergessen und alles in der richtigen Reihenfolge tun.

Der Job mit den meisten Checklisten ist wohl Pilot. Das sind sehr intelligente Menschen mit einer großartigen Ausbildung. Trotzdem verlassen sie sich nicht auf ihren Kopf, sondern lieber auf eine Checkliste. Was für Piloten gut ist, kann für uns nicht schlecht sein. Arbeiten wir mit Checklisten, behalten wir zu jedem Zeitpunkt den Überblick, können nichts vergessen und müssen nicht einmal überlegen, was als nächstes kommt.

Checklisten können Sie überall einsetzen:
- Ein Interessent ruft an. Was fragen Sie ihn als erstes?
- Sie fahren in den Urlaub. Was packen Sie ein?
- Sie organisieren ein Seminar. Woran müssen Sie denken?
- Ein neuer Mitarbeiter fängt an. Wie wollen Sie ihn einarbeiten?
- Ein neues Geschäftsjahr beginnt. Welche Dateien müssen Sie für das neue Jahr bereit machen oder kopieren?

Checklisten haben auch noch einen Nebeneffekt. Sollten Sie krank sein oder verlässt ein Kollege die Firma, ist das Wissen nicht weg, sondern die Stellvertretung oder der Nachfolger können auf die Checklisten zurückgreifen.

Mit Checklisten wird auch Ihre Aufgabenliste kürzer. Anstatt alle Teilaufgaben aufzunehmen, schreiben Sie nur noch den Namen der Checkliste hin (z. B. Seminarcheckliste abarbeiten). Die einzelnen Teilaufgaben stehen dann auf der Checkliste.

Checklisten sind auch besonders nützlich bei Aufgaben, die einem Prozess folgen, dessen Schritte aber nicht unbedingt zeitlich direkt hintereinander liegen. Ein Beispiel zur Verdeutlichung:

Sie wickeln regelmäßig Verkäufe von Liegenschaften ab. Die Schritte sind immer dieselben, zwischen den einzelnen Schritten können aber gut und gerne ein paar Tage oder Wochen liegen. Also nehmen Sie Ihre Liegenschafts-Checkliste, schreiben die Adresse oben hin und haken jede erledigte Aufgabe ab. Mit der Checkliste sehen Sie nicht nur, welches der nächste Schritt ist, sondern Sie sehen auch, wo Sie beim Verkauf einer bestimmten Liegenschaft stehen.

CHECKLISTEN AUSARBEITEN

Es gibt natürlich – wie für jeden erdenklichen Zweck – spezielle Software für Checklisten. Darauf können Sie gut verzichten. Viel einfacher ist es, wenn Sie Ihre Textverarbeitung nutzen. Machen Sie eine Liste, drucken Sie sie aus, wenn Sie sie benötigen, und streichen Sie die erledigten Punkte einfach ab.

Checklisten müssen übrigens nicht unbedingt Listen sein, die Sie von oben nach unten abarbeiten, sondern auch Formulare oder Tabellen können eine Art Checkliste sein. Es geht nur darum, dass Sie *einmal* überlegen, was Sie beachten müssen, und dann können Sie künftig darauf zurückgreifen.

Zeitfresser beseitigen

Zeitfresser sind all jene Dinge, die Sie nicht näher zu Ihrem Ziel bringen. Sie tun nur eines: Sie fressen Zeit. Sie lenken ab, halten auf oder sind sogar Rückschritte. Viele Zeitfresser sind hausgemacht:

ziellos im Internet surfen, schlechte Pausen, unnötige Dinge erledigen, Dinge ineffizient erledigen, Klatsch und Tratsch.

Wir sind keine Maschinen und können nicht immer produktiv sein. Das verlangt auch niemand. Doch wenn wir arbeiten, sollten wir arbeiten. Und wenn wir Pause machen, machen wir Pause.

Nebenbei: Richtige Pausen, Urlaub, Erholung und Ausgleich sind alles andere als Zeitfresser, sondern wichtige Bestandteile des produktiven Arbeitens und der Zufriedenheit.

Das Zeittagebuch

Ein Zeittagebuch ist das beste Mittel, um den eigenen Umgang mit der Zeit objektiv beurteilen zu können, Schwächen zu finden und Zeitfresser zu identifizieren. Ein Zeittagebuch zu führen, ist sehr einfach: Messen Sie die Zeit, die Sie für eine bestimmte Aktivität benötigen, und notieren Sie sich die Aktivität und die Zeit. Am besten tun Sie dies minutengenau während des gesamten Tages.[7] Ist Ihnen das zu detailliert, können Sie auch einen Wecker alle fünfzehn Minuten klingeln lassen und dann jeweils notieren, welcher Aktivität Sie gerade nachgehen. Das bringt leider den Nachteil mit sich, dass Sie dauernd unterbrochen werden. Diese Variante des Zeittagebuchs eignet sich deshalb nur für einen oder zwei Tage. Besser ist sowieso die minutengenaue Erfassung.

---

7 Meine Vorlage für Ihre Tabellenkalkulation hilft Ihnen dabei. Sie erhalten Sie unter www.ivanblatter.com/klueger.

Am Ende des Tages werden Sie vielleicht zwischen 50 und 100 Einträge haben. Vergeben Sie dann Kategorien (wie Projekt A, Projekt B, Privatkram, Kollegentratsch, Pause, Anruf, E-Mails usw.) für die einzelnen Einträge und zählen Sie zusammen, wie viel Zeit Sie für welche Kategorie aufgewendet haben. Dann analysieren Sie die Ergebnisse.

Zugegeben: Diese Übung ist ein wenig aufwändig. Dafür lernen Sie unglaublich viel über sich und Ihren Alltag. Machen Sie eine solche Zeitmessung für zwei bis drei Tage, dann haben Sie ein sehr gutes Bild. Vergessen Sie nicht, auch hier gilt: Die investierte Zeit kommt später mehrfach zurück!

Nachdem Sie das Zeittagebuch ausgefüllt haben, können Sie die Ergebnisse nach folgendem Schema analysieren:

- Welche Zeitfresser konnten Sie identifizieren?
- Welche wollen Sie als Erstes beseitigen?
- Welche können oder wollen Sie nicht ausschalten (z. B. E-Mails, Anrufe)?

Nehmen Sie sich heute noch einen der identifizierten Zeitfresser vor und versuchen Sie, ihn zu beseitigen. Unterschätzen Sie diese Aufgabe nicht: Hinter jedem Zeitfresser stecken Glaubenssätze, vielleicht falsche Vorstellungen, Mythen, aber auch Vorgaben oder Gepflogenheiten. Diese zu ändern, kann aufwändig sein. Gehen Sie deshalb Schritt für Schritt vor.

Tipp 8: Schluss mit dem Aufschieben!

Haben Sie heute schon etwas aufgeschoben? Ganz ehrlich, ich habe schon ein paar Dinge aufgeschoben:

- Ich blieb noch ein paar Minuten im schönen, warmen Bett.
- Danach habe ich in ein paar Facebook-Gruppen gelesen, anstatt mich parat zu machen und zum Sport zu gehen.
- Bevor ich diese Zeilen schrieb, habe ich zuerst gemütlich Kaffee getrunken.

Das Aufschieben von Aufgaben (auch Prokrastination genannt) ist ein ganz normales Verhalten für uns Menschen. Jeder schiebt mal etwas auf – meist sogar täglich. Richtig problematisch wird es aber dann, wenn wir ständig oder regelmäßig aufschieben und so unsere Aufgaben nicht oder erst auf den letzten Drücker erledigen. Also weder zeitnah noch stressfrei.

Schieben wir etwas auf, geschieht Folgendes:

> *Ich weiß, was ich tun sollte oder will, doch irgendetwas anderes ist attraktiver für mich. Der kurzfristige Gewinn (Kaffee trinken) siegt über den längerfristigen Nutzen (Buch schreiben).*

Häufig schaffen wir es dann doch, uns für das Richtige zu entscheiden, ganz einfach aus Vernunft. Doch manchmal kommen wir trotzdem nicht ins Handeln. Bei der Ernährung und beim Sport tritt das Phänomen vermutlich am häufigsten auf. Natürlich wissen wir, wie wir uns gut ernähren und dass wir mehr Sport machen sollten, doch den meisten sind die Chips und das Sofa eben doch näher als der Apfel und die Sportschuhe.

Das Problem hinter dem Aufschieben

Meistens wissen wir ganz genau, wer schuld ist, nämlich unser innerer Schweinehund. Der steht uns im Weg und bringt uns weg von dem, was wir tun sollten oder wollen. Dieses Bild, das wir häufig nutzen, ist sehr problematisch. Wir projizieren nämlich das Problem auf ein Fabelwesen, das sozusagen neben uns steht und uns schaden will. Dieses Bild geht völlig an der Realität vorbei und steht im Weg, wenn wir weniger aufschieben wollen.

Schieben wir nämlich etwas auf, dann besteht ein Motivkonflikt in uns. Das Problem ist nicht neben uns, sondern ist tief in uns verwurzelt. Wir bestehen ja aus verschiedenen Teilen, unter anderem aus dem Verstand und dem Unterbewusstsein, die beim Aufschieben wichtig sind. Generell gilt, dass jeder Teil von uns nur das Beste will. Leider sind sich die Teile nicht immer einig, was das Beste wäre.

- Der Verstand sagt: „Steh auf, geh zum Sport, das tut dir gut, gibt dir Power und du fühlst dich den ganzen Tag wunderbar."
- Das Unterbewusstsein hingegen sagt: „Heute ist es kalt, vielleicht regnet es sogar, du bist noch müde, das Bett ist so schön weich und warm."

Das Unterbewusstsein meint es nicht mal böse. Im Gegenteil: Es erinnert sich genau an alle Erfahrungen, die wir im Laufe des

Lebens gemacht haben. Negative Erfahrungen (wie Kälte, Regen, Anstrengung beim Sport) sind im Angstsystem gespeichert, angenehme Erfahrungen im Belohnungssystem.

Genau darin besteht der Motivkonflikt. Der Verstand wie auch das Unterbewusstsein verfolgen unterschiedliche Motive. Beide haben auf ihre Art Recht und wollen nur das Beste für uns. Das Unterbewusstsein bevorzugt häufig das kurzfristige Wohlbefinden, der Verstand hingegen das mittel- bis langfristige Wohlbefinden.

Wer von den beiden gewinnt? Das kommt darauf an. Wir könnten es mit Selbstkontrolle oder Disziplin versuchen und dem Verstand folgen. Das funktioniert, aber es kostet viele Ressourcen, viel Energie und macht keinen Spaß. Verlassen wir uns einzig und allein darauf, klappt das hin und wieder, doch meist nicht auf Dauer.

Das Unterbewusstsein ins Boot holen

In der Theorie ist es ganz einfach: Wir müssen nur das Unterbewusstsein ins Boot holen und es auf dieselbe Seite wie den Verstand ziehen. Dann hätten wir den Motivkonflikt gelöst und beide würden am selben Strick ziehen.

Das Unterbewusstsein können wir leider nicht mithilfe von Argumenten überzeugen. Aber wir können es über Emotionen und positive Erfahrungen erreichen. Wenn Sie ein Kind überzeugen möchten, etwas zu tun, was es eigentlich gar nicht will, ist es ähnlich. Einem Kind sagen Sie ja auch nicht:

„Wir gehen noch ein wenig raus, damit du genug Bewegung hast, denn Bewegung ist gesund und wichtig."

Sondern Sie sagen ihm:

„Weißt du noch, wie wir letzthin Verstecken am See gespielt haben. Hast du Lust, wieder dorthin zu gehen und zu spielen?"

Genauso können Sie Ihr Unterbewusstsein ins Boot holen. Ich zeige Ihnen das an einem Beispiel aus der Arbeitswelt:

> *Sie müssen unbedingt noch den Artikel für Ihre Webseite fertig schreiben, aber kommen nicht wirklich in die Gänge. Sie sind versucht, im Internet zu surfen oder Zeitung zu lesen. Der Verstand will aber, dass Sie jetzt schreiben.*
>
> *In dieser Situation könnten Sie hingehen und sich in bunten Bildern ausmalen was wäre, wenn Sie den Artikel veröffentlicht haben:*
>
> - *Sie können sich ausmalen, wie andere Menschen den Artikel lesen und dadurch inspiriert werden.*
> - *Sie können sich ausmalen, wie die Besucherzahlen Ihrer Webseite steigen.*
> - *Sie können sich ausmalen, wie Sie schneller bei Google gefunden werden und so auch mehr Kunden bekommen.*

Das entscheidende Stichwort in dem Beispiel ist „ausmalen". Das Unterbewusstsein versteht nämlich keine Sätze, sondern es versteht Bilder, Töne, Farben usw. Je konkreter Ihre Vorstellung wird, desto besser funktioniert es.

Schieben Sie häufig Aufgaben auf und kommen nicht ins Handeln, gibt es viele Tipps und Tricks, wie Sie dem begegnen können. Der beste und nachhaltigste, der mir bislang begegnet ist, besteht darin, den Motivkonflikt aufzulösen:

1. Machen Sie sich bewusst, was Sie wirklich wollen. Sie – nicht Ihr Chef, Ihr Kunde, Ihre Frau, Ihr Mann oder sonst jemand. Machen Sie sich bewusst, was Ihnen wirklich wichtig ist.

2. Schaffen Sie eine Verbindung von dem, was Ihnen wichtig ist, zur aktuellen Aufgabe. Wie passt die Aufgabe, die Sie gerade aufschieben, zu dem, was Sie wirklich wollen? Wie fügt sich die Aufgabe in das größere Ganze ein?

3. Malen Sie sich den Erfolg in bunten, lauten, schönen Bildern aus. Versetzen Sie sich in die Situation, dass Sie die Aufgabe bereits geschafft haben und den Dingen, die Sie wollen, ein klein wenig näher gekommen sind.

Diese drei Schritte helfen Ihnen, den Motivkonflikt aufzulösen. So können Sie Ihren Verstand und Ihr Unterbewusstsein auf dieselbe Seite bringen. Natürlich kann zusätzlich dazu manchmal auch die Selbstkontrolle und Disziplin helfen, doch das sollte nur eine kurzfristige Notlösung sein. Die bessere Strategie ist, den Motivkonflikt in Ihnen aufzulösen.

Tipp 9:
Trainieren Sie Ihren Disziplin-Muskel

Von sehr produktiven Menschen nehmen wir häufig an, dass sie sehr diszipliniert seien. Das kann gut sein, ist aber keine Voraussetzung. Ich bin kein Freund von Disziplin. Das klingt für mich zu militärisch, nach zusammengekniffenen Augen und auf die Zähne beißen. Dabei sollten wir den Spaßfaktor bei der Arbeit nicht unterschätzen. Arbeit darf, ja Arbeit muss auch Spaß machen. Vielleicht nicht immer, aber im Großen und Ganzen schon.

Disziplin kann jedoch durchaus nützlich sein, um überhaupt ins Handeln zu kommen, doch dann sollte sie durch etwas anderes wie ein starkes Ziel, das Sie sehr anzieht, oder Gewohnheiten ersetzt werden. Denn Disziplin ist meist anstrengend, kostet Kraft und macht nicht unbedingt Spaß. Trotzdem ist es nützlich, wenn man seine Disziplin trainiert. Denn Disziplin kann man mit einem Muskel vergleichen: Je mehr wir einen Muskel trainieren und fordern, desto stärker wird er. Das ist wie beim Krafttraining: Man baut nur Muskeln auf, wenn man den Muskel etwas mehr reizt, als er eigentlich schafft. Es sind nicht die ersten leicht fallenden Wiederholungen, die den Muskel stärken, sondern erst jene Wiederholung, die man gerade noch schafft. Das Ziel ist also, den Muskel aus seiner Komfortzone zu bringen, damit er wächst.

Genauso verhält es sich mit der Produktivität, mit Veränderungen und mit der Disziplin. Auch in diesen Bereichen geht es darum, zunächst die Komfortzone zu verlassen und sie dadurch Schritt für Schritt zu erweitern. Entscheidend ist das schrittweise Vorgehen!

Versuchen wir einen zu großen Sprung aus der Komfortzone, ist die Gefahr groß, sich zu überfordern und nicht allzu weit zu kommen.

Was ist Disziplin?

Das Wort „Disziplin" hat seinen Ursprung im lateinischen „disciplina". Das heißt nichts anderes als „Erziehung". Also könnte man „Disziplin" verstehen als „sich selbst zu erziehen, die richtigen und wichtigen Dinge zu tun". Dann hat Disziplin weniger mit den verkrampft zusammengekniffenen Augen zu tun, sondern vielmehr mit Training. Es geht dann nur noch darum, die Komfortzone ein klein wenig zu verlassen, um sich selbst herauszufordern und zu stärken – ähnlich wie beim Krafttraining.

Was für Sie „richtig" ist, bestimmen Ihre Werte. Was für Sie „wichtig" ist, ist eine Entscheidung, die Sie getroffen haben (siehe Seite 48). Die Disziplin hilft Ihnen vor allem am Anfang, in die Gänge zu kommen. Danach sind Sie gut beraten, Disziplin so schnell wie möglich durch eine gute Gewohnheit zu ersetzen. Gelingt Ihnen das, dann fühlt es sich schnell natürlich und leicht an. Es lässt die besten und stärksten Seiten an Ihnen zum Vorschein kommen und macht auch noch Spaß. Von außen sieht das dann aus wie Disziplin, doch in Wahrheit ist es etwas viel Besseres: eine Gewohnheit, die Sie einfach ausführen, ohne überlegen zu müssen, ohne Grübeln und ohne Hinterfragen.

Ich gehe jeden Tag morgens früh zum Sport. Das klappt sehr gut für mich, weil ich ohnehin ein Morgenmensch bin. Mir fällt es auch viel leichter, jeden Tag kurz zum Sport zu gehen, anstatt zwei- oder dreimal pro Woche. Von außen sieht das aus wie Disziplin, doch für mich ist es eine Gewohnheit, die ich einfach ausführe, so wie das Zähneputzen oder Duschen. Ich muss nicht überlegen, ob heute ein Sporttag ist oder nicht, sondern ich tue es einfach. Ganz zu Beginn half mir die Disziplin freilich, die Gewohnheit zu entwickeln. Heute geht das ganz ohne Disziplin, sondern nur über die Gewohnheit.

So trainieren Sie Ihren Disziplin-Muskel

All das fällt Ihnen bedeutend leichter, wenn Ihr Disziplin-Muskel, den Sie zu Beginn brauchen, sehr stark ist. Das ist einfacher, als Sie vielleicht denken! Es geht nämlich nur darum, regelmäßig die Komfortzone ein klein wenig zu verlassen. Das können Sie jeden Tag aufs Neue tun, nämlich bei Ihren eingespielten Handlungen.

Wir tun die Dinge, die wir so tun, weil wir sie immer so tun. Nicht nur bei der Arbeit, sondern im gesamten Leben. Das hat einen entscheidenden Vorteil: Wir handeln gewohnheitsmäßig so und das kostet kaum Energie. Irgendwann haben wir das so entschieden (bewusst oder unbewusst), jetzt tun wir es einfach.

Stellen Sie in diesem Disziplin-Training nicht gleich alles auf den Kopf, sondern verlassen Sie gezielt einige gewohnte Pfade, um den Disziplin-Muskel zu stärken. Hier sind sieben Beispiele dafür:

- Nehmen Sie einen anderen Weg ins Büro. Der neue Weg kann, aber muss nicht unbedingt länger sein. Es geht dabei vor allem um neue Sinneseindrücke, die Sie gewinnen können.
- Gehen Sie zu Fuß statt mit dem Rad oder dem Auto zu fahren. Falls die Strecke zu weit ist, dann steigen Sie früher aus der Straßenbahn oder parken Sie Ihren Wagen weiter weg und gehen Sie den Rest zu Fuß.
- Trinken Sie Ihren Kaffee ohne Milch und Zucker. Oder trinken Sie mal einen Espresso statt eines Filterkaffees – oder umgekehrt.
- Drehen Sie die letzten 30 Sekunden unter der Dusche das Wasser auf ganz kalt.
- Boykottieren Sie konsequent Rolltreppen und Fahrstühle.
- Bedienen Sie Ihre Maus mit der schwächeren Hand – also mit links für Rechtshänder oder mit rechts für Linkshänder.
- Putzen Sie Ihre Zähne mit der schwächeren Hand.

All diese Dinge kosten Sie zuerst ein wenig mehr Zeit und Energie, weil sie so ungewohnt sind. Gleichzeitig setzen Sie sich damit neuen Reizen aus und gewöhnen sich daran, die Komfortzone zu verlassen. Sie erfahren, dass das gar nicht so schlimm ist, sondern sogar Spaß machen kann. Genau dahin wollen wir, um den Disziplin-Muskel zu trainieren. Ganz nebenbei werden durch solche ungewohnten Handlungen im Hirn neue Synapsen gebildet. Auch davon können Sie profitieren.

PLÖTZLICH WIEDER CHAOS: WAS TUN?

Selbst wenn wir sehr gut organisiert sind, gibt es Phasen, wo wir in der Arbeit untergehen und alle Gewohnheiten verlieren. Doch keine Angst: Auch diese Situation bekommen Sie in den Griff. Ich zeige Ihnen wie!

In einer idealen Welt wachen wir jeden Morgen erfrischt und voller Power auf. Wir gehen zur Arbeit, erledigen eine Aufgabe nach der anderen und kommen abends richtig zufrieden nach Hause. Wir gehen unseren Hobbys nach, treffen Freunde und verbringen Zeit mit der Familie. Dann fallen wir erfüllt in den Schlaf und am nächsten Tag wiederholt sich das Ganze.

Leider entspricht das nicht immer unserer Realität. Häufig läuft es eher so: Wir wachen auf und verfluchen den Wecker. Dann schleppen wir uns zur Arbeit, nehmen uns ein paar wichtige Aufgaben vor, aber kommen gar nicht dazu, weil wir ständig unterbrochen werden von irgendwelchen Dingen, die scheinbar dringend sind (häufig nur, weil ein anderer schlecht organisiert ist).

Genauso mit dem Zeitmanagement: Alle Tipps hier im Buch lesen sich gut und leuchten mehrheitlich ein. Wir nehmen uns die Zeit, um neue Gewohnheiten zu erlernen und die Tipps wirklich auch umzusetzen. Wie das aber so ist mit neuen Gewohnheiten, manchmal schleichen sich die alten Gewohnheiten wieder ein oder wir werden so sehr vom Alltag überrollt, dass wir all die guten Veränderungen nicht mehr leben können.

Vielen Menschen geht es so. Das ist ein schwacher Trost, doch wir sollten nicht vergessen, dass wir alle Menschen sind. Ein gutes Zeitmanagement macht uns zum Glück nicht zu Maschinen! Wir machen ab und zu Fehler, wir verlieren unsere Gewohnheiten manchmal aus den Augen – und das ist auch gut so. Niemand ist perfekt. Zumal niemand ein gutes Zeitmanagement einfach hat oder nicht hat, sondern ein gutes Zeitmanagement ist ein ständiger Prozess, dem wir manchmal konsequenter folgen und manchmal eben nicht.

Die Gründe dafür können vielfältig sein. Vielleicht fühlen Sie sich nicht gut oder jemand in Ihrer Familie hat Probleme. Vielleicht ist der Druck bei der Arbeit momentan sehr hoch oder Ihr Team fällt gerade auseinander.

Haben Sie also hochmotiviert Ihr Zeitmanagement verändert, eine deutliche Verbesserung festgestellt und merken jetzt plötzlich, dass Sie wieder unproduktiver werden, dann grämen Sie sich nicht. Das ist normal. Solange Sie das erkennen, können Sie zu jeder Zeit die Situation mit den folgenden Tipps wieder ändern.

Jetzt ist der beste Zeitpunkt

Wie gesagt: Ein gutes Zeitmanagement ist ein Prozess, dem Sie aus irgendeinem Grund momentan nicht folgen können. Nehmen Sie sich deshalb wieder Zeit für Ihr Zeitmanagement. Das muss keine lange Zeit am Stück sein. Sie können sich beispielsweise jeden Tag nach der Mittagspause eine halbe Stunde um Ihr Zeitmanagement kümmern. Diese Zeit nutzen Sie, um alles wieder zu aktualisieren und die nächsten beiden Tipps umzusetzen.

Den Rahmen überprüfen

Zeitmanagement ist viel mehr als nur To-do-Listen, Kalender- und E-Mail-Organisation. Sie haben gelesen, dass Zeitmanagement viel eher Selbst- und Energiemanagement ist. Es schafft einen Rahmen um Ihr gesamtes Leben. Sinkt also Ihre Produktivität, sollten Sie zuerst Ihr Selbst- und Energiemanagement anschauen. Dazu gehören Themen wie Ernährung, Bewegung, Schlaf und vieles mehr.

Funktioniert Ihr Selbstmanagement, sind Sie so aufgestellt, dass Sie Ihre Leistung abrufen können. Überprüfen Sie deshalb besonders, ob Ihre Basis noch stimmt (siehe Seite 39). Falls nicht, dann sollten Sie zuerst hier ansetzen.

Sich Übersicht verschaffen

Ein anderes wichtiges Standbein für eine höhere Produktivität ist, den Überblick zu behalten. Erst dann können Sie planen, delegieren, Aufgaben effektiv und effizient erledigen.

Meine Coachings beginnen in der Regel damit, dass ich dem Kunden helfe, die Übersicht zu gewinnen. Erst wenn das geschafft ist, kann er sich überhaupt sinnvoll organisieren. Wenn sie das erste Mal sehen, was sie tatsächlich alles vor sich liegen haben, sind die meisten meiner Kunden sehr erstaunt. Es wird ihnen manchmal auch bewusst, dass sie sich zu viel aufgeladen haben, und sie beginnen zu erkennen, was ihnen wirklich wichtig ist.

Nimmt Ihre Produktivität also ab, können Sie an dieser Stelle ansetzen:
- Haben Sie eine gute Übersicht über Ihre Arbeit?
- Sind die wichtigen Aufgaben notiert und gut organisiert?
- Funktioniert Ihre Planung?
- Sind alle Einfälle notiert?

Falls nicht, dann nehmen Sie das Zeitfenster, das Sie sich im ersten Schritt geschaffen haben, und schaffen Sie sich täglich ein wenig mehr Übersicht. Das mag einige Tage dauern, doch lieber jeden Tag nur eine kleine Verbesserung als gar keine.

Einen Arbeitsrückstand abbauen

Selbst mit gutem Zeitmanagement kann es vorkommen, dass wir nicht alles schaffen. Mit der Zeit stapeln sich die unerledigten Aufgaben und es kommen ständig neue hinzu. Es entsteht ein Arbeitsrückstand. Vielleicht haben wir das Gefühl, dass wir zu wenig produktiv arbeiten. Das kann zwar gut sein, doch nicht jeder Arbeitsrückstand ist darauf zurückzuführen. Manchmal haben wir einfach mehr zu tun, als wir schaffen können, und der Berg an unerledigten Aufgaben wächst immer weiter. Wie kann man nun einen Arbeitsrückstand wieder abbauen?

Ein Arbeitsrückstand kann mit Schulden verglichen werden. Genau wie diese kann man auch ihn abbauen:
1. Zuerst ist es wichtig, dafür zu sorgen, dass der Rückstand nicht weiter wächst.
2. Dann geht es darum, den Berg an zurückgestellten Aufgaben Schritt für Schritt abzubauen. Das mag etwas dauern, ist jedoch der sicherste und nachhaltigste Weg.

Dafür zu sorgen, dass der Arbeitsrückstand nicht weiter wächst, ist nicht einfach umzusetzen. Es kann ja tatsächlich sein, dass Sie über längere Zeit deutlich mehr Aufgaben erhalten, als Sie erledigen können. Oder Sie waren krank und es ist alles liegen geblieben.

Das können Sie allein mit einem guten Zeitmanagement nicht komplett auffangen. Eigentlich gibt es dafür nur vier Lösungen: Sie suchen das Gespräch mit Ihrem Vorgesetzten und erklären ihm die Situation. Das ist nicht einfach, denn niemand will ja vor dem Chef über die Arbeitslast jammern. In dieser Situation ist es allerdings unumgänglich. Die Alternative ist, vermehrt Nein zu sagen. Auch das ist nicht einfach, weil Sie vielleicht nicht in der Position sind, Nein sagen zu können, oder weil das auch heißt, Menschen zu enttäuschen. Falls Sie die Möglichkeit haben, Aufgaben zu delegieren, kann das die dritte Möglichkeit sein. Lernen Sie, Ihre Mitarbeiter so zu entwickeln, dass sie Ihnen Aufgaben abnehmen können. Geben Sie dann konsequent alles ab, was nicht nur Sie gut erledigen können. Sind Sie selber Unternehmer kann die vierte Lösung darin bestehen, neue Mitarbeiter einzustellen.

Alle vier Möglichkeiten sind eine Herausforderung und würden den Rahmen dieses Buches sprengen. Handelt es sich hingegen um einen temporären Arbeitsrückstand, dann hilft ein gutes Zeitmanagement sehr wohl. Lassen Sie sich in dieser Situation von folgendem Motto leiten:

 Ausdauer schlägt heroische Einzelaktionen. Immer!

Weiter oben habe ich einen Arbeitsrückstand mit Schulden verglichen. Wie gehen Sie vor, wenn Sie Schulden zurückzahlen möchten? Sie sorgen zuerst dafür, keine weiteren Schulden zu machen. Dann stottern Sie die Schulden nach und nach ab. Genau nach diesem Prinzip können Sie auch einen Arbeitsrückstand in drei Schritten abbauen.

1. Richten Sie ein optimales System für neue Aufgaben ein. Zunächst geht es darum zu verhindern, dass der Rückstand weiter wächst. Setzen Sie die Tipps aus diesem Buch um, damit Sie für neue Aufgaben gewappnet sind. Lassen Sie den Arbeitsrückstand zunächst mal sein und richten Sie eine gute Arbeitsorganisation ein.

2. Isolieren Sie den Arbeitsrückstand. Sehen Sie ständig, was Sie alles verpasst haben, ist das ein starker Dämpfer für Ihre Motivation und Ihr schlechtes Gewissen steigt. Räumen Sie deshalb jeden Hinweis auf den Rückstand weg. Im Fall eines übervollen E-Mail-Posteingangs erstellen Sie einen Ordner z. B. mit dem Namen „Altlasten" und verschieben alle E-Mails dorthin. Stapeln sich die unerledigten Aufgaben auf Ihrem Tisch, dann verstecken Sie die Stapel im Schrank oder hinter der Tür. Hat Ihre Aufgabenliste kein Ende, dann beginnen Sie mit einer neuen. Vorsicht: Stellen Sie aber sicher, dass Sie keine Fälligkeiten und Termine vergessen!

3. Tragen Sie den Rückstand Schritt für Schritt ab. Der eigentliche Arbeitsrückstand kann so ab jetzt nur noch kleiner werden. Sie haben ihn ja im zweiten Schritt isoliert, somit dürfen Sie keine neuen Aufgaben mehr hinzufügen. Das wiederum bedeutet, dass Sie alle neuen Aufgaben erledigen, ohne einen neuen Rückstand aufzubauen. Zusätzlich erledigen Sie alle dringenden Aufgaben aus dem Rückstand bzw. diejenigen mit einem Termin.

Reservieren Sie sich dann täglich frühmorgens 15 bis 30 Minuten, um Ihren Arbeitsrückstand systematisch abzubauen. Das ist das Erste, was Sie morgens tun. Die Zeitspanne sollte dabei möglichst immer gleich sein, damit Sie sich daran gewöhnen und damit Sie wissen, dass sie ein Ende hat. Anschließend bearbeiten Sie nur noch die neuen Aufgaben. (Haben Sie wider Erwarten plötzlich nichts mehr zu tun, können Sie selbstverständlich weiter den Rückstand abbauen.)

Weshalb ist es wichtig, den Rückstand frühmorgens abzubauen? Ganz einfach: Tagsüber werden Sie von anderen Aufgaben und Unterbrechungen absorbiert. Dadurch sinkt die Wahrscheinlichkeit, dass Sie Ihren Rückstand auch wirklich täglich ein wenig abbauen.

Mit diesen drei einfachen Schritten gelingt es Ihnen, den Arbeitsrückstand nach und nach abzubauen. Nicht von heute auf morgen, aber Schritt für Schritt, bis er weg ist.

Was tun bei einem Tief?

Wir können uns noch so gut organisieren, ab und zu sitzen wir trotzdem in einem Tief und können uns nicht oder kaum aufraffen, etwas zu erledigen. Das kann natürlich heikel sein, denn die Kunden warten trotzdem auf Ergebnisse und Fristen müssen eingehalten werden. Wir sind jedoch – zum Glück! – keine Roboter und funktionieren nicht immer. Solche Situationen sind menschlich und nicht einfach zu meistern. Manchmal ist es eine Phase, in der wir sehr viele Dinge aufschieben oder einfach lustlos sind. Manchmal steckt aber auch mehr dahinter. In jedem Fall ist es wichtig, rasch wieder einen Ausweg zu finden. Mit den folgenden fünf Schritten gelingt Ihnen das leichter!

Das Tief zulassen

Wir Menschen durchleben ständig verschiedene Phasen. Manchmal läuft alles super, manchmal nicht. Ist es die Mondphase? Sind es die Jahreszeiten? Das Wetter? Oder ist es etwas ganz anderes? Der Grund dafür ist nicht so wichtig. Wichtiger ist, dass Sie sich als Mensch akzeptieren und annehmen, dass Sie manchmal auch schlechte Phasen haben. Denn alles, was Sie zu verkrampft bekämpfen, kommt an anderer Stelle wieder hervor.

Lassen Sie das Tief also lieber zu. Das heißt nicht, sich selbst zu bemitleiden oder in dem Tief zu suhlen, sondern einfach zu akzeptieren, dass es jetzt so ist, wie es ist.

Spüren Sie dann den Gründen dafür nach. Weshalb sind Sie in dem Tief gelandet? Ist es Aufschieben? Ist es der Druck? Rühren die Probleme von anderswo her? Versuchen Sie besonders herauszufinden, ob das momentan nur eine Phase ist, die wieder vorbeigehen wird, oder ob es sich um ein tiefer liegendes Problem handelt. Horchen Sie in sich hinein und schauen Sie auf die Ursachen für dieses Tief. Ganz neutral und ohne Bewertung versuchen Sie zu erkennen, was wirklich ist.

Das können Sie gut allein oder mit einer Vertrauensperson machen. Häufig erkennen wir viel schneller die Gründe, wenn wir das Problem formulieren und aussprechen müssen.

Sobald Sie den Ursprung für das Tief kennen, können Sie sich überlegen, was Sie dagegen tun können. Vielleicht greifen diese Maßnahmen allerdings erst nach einer Weile und Sie müssen trotzdem Ihre Arbeit erledigen. Genau dabei hilft Ihnen der nächste Punkt.

Was ist jetzt wichtig?

Sie wissen von Seite 75, dass ich Prioritäten auf der Ebene der Aufgaben nicht für sinnvoll halte. Es gibt jedoch Ausnahmen: Eine Ausnahme ist die Planung. Hier legen Sie in einer Rangfolge fest, was Sie heute tun wollen. Eine andere Ausnahme ist der Umgang mit einem Tief. Es ist zwar wichtig, das Tief zuzulassen, doch Sie können nicht einfach gar nichts mehr erledigen. Schließlich haben Sie Fälligkeiten, Fristen und ein paar Dinge versprochen.

Erstellen Sie deshalb eine Liste mit den Aufgaben, die Sie jetzt trotzdem erledigen müssen – also keine To-do-Liste, sondern eine Must-do-Liste. Hier gehören nur die Dinge drauf, an denen Sie nicht vorbeikommen. Diese Aufgaben müssen Sie anpacken, was nicht unbedingt einfach ist und durchaus einiges an Disziplin kosten kann. Beißen Sie sich da allerdings nicht durch, hat das Konsequenzen: verärgerte Kunden, eine Rüge vom Chef und Sie bekommen ein schlechtes Image.

Damit es Ihnen etwas leichter fällt, trotz des Tiefs diese Must-do-Aufgaben zu erledigen, können Sie Ihren natürlichen Rhythmus beachten. Dazu habe ich Ihnen ab Seite 108 eine Reihe von Tipps gegeben. Dort haben Sie gelernt, dass wir zu unseren Hoch-Zeiten am motiviertesten und produktivsten sind. Nutzen Sie diese Zeiten für Ihre Must-do-Aufgaben.

Spaß muss sein

Arbeit darf Spaß machen. Oder noch besser: Arbeit muss Spaß machen! Schließlich verbringen wir mindestens ein Drittel unseres Tages damit. Macht Ihnen Ihre Arbeit über einen längeren Zeitraum keinen Spaß mehr, dann haben Sie ein sehr grundsätzliches Problem, das Sie zuerst angehen sollten – eventuell mit externer Hilfe. Es kann ein deutlicher Hinweis darauf sein, dass Sie sich überlegen sollten, den Job oder die Branche zu wechseln.

Wir wollen uns hier auf die eher kürzeren Phasen konzentrieren, in denen wir in einem Tief stecken und uns die Arbeit gerade nicht so viel Spaß macht.

Im letzten Schritt haben Sie die Aufgaben identifiziert, die Sie unbedingt erledigen müssen. Wenn Sie Glück haben, ist damit Ihr Tag noch nicht komplett ausgefüllt. Nutzen Sie deshalb die restliche Zeit für Dinge, die Ihnen gut tun oder die Ihnen Spaß machen.

Das heißt leider nicht unbedingt, dass Sie nach Lust und Laune einen Spaziergang machen können (es sei denn, Sie haben sehr viele Freiheiten beim Job wie als Unternehmer oder Selbstständiger). Trotzdem gibt es auch bei der Arbeit Dinge, die Ihnen gut tun, leicht fallen oder die Ihnen Spaß machen.

Vielleicht können Sie sich jetzt um die Aufgaben kümmern, die schnell einen Erfolg zeigen oder durch die Sie eine Last loswerden. Häufig wirken Aufräumen oder das Aktualisieren des Archivs sehr befreiend. Oder Sie können Ihren Posteingang komplett abarbeiten.

Das gibt Ihnen ein Gefühl des Erfolgs, das Sie jetzt gut brauchen können. Achten Sie darauf, dass Sie Aufgaben auswählen, die Ihnen leicht fallen und bei denen Sie keine Schwierigkeiten erwarten. Das schnelle Erfolgserlebnis ist in diesem Fall der Schlüssel.

Alternativ können Sie auch Aufgaben erledigen, auf die Sie so richtig Lust haben und die Ihnen Spaß machen. Ich bin sicher, dass es auch in Ihrem Job solche Aufgaben gibt, die Ihnen trotz Tief noch Spaß machen.

Ein Beispiel aus meiner Arbeit: Ich bin sehr fasziniert von den technischen Möglichkeiten und Tools, die wir nutzen könnten. Solche Dinge auszuprobieren macht mir großen Spaß. Normalerweise versuche ich, mich im Alltag zurückzuhalten, weil diese Dinge nicht unbedingt mein Business oder mich selbst weiterbringen, wenn ich nicht für ein konkretes Problem eine Lösung suche. Stecke ich aber in einem Tief, dann erlaube ich mir gerne, mich auf diese Spielwiese zu begeben und neue Tools auszuprobieren. Das ist sicherlich nicht die dringendste Aufgabe, doch es tut mir gut und macht mir Spaß.

Setzen Sie sich aber Grenzen. Achten Sie darauf, dass Sie nicht maßlos Zeit auf dieser Spielwiese verbringen. Geben Sie sich lieber einen Zeitrahmen, innerhalb dessen es völlig okay ist. Wie bei Ihren Kindern, denen Sie noch eine Folge der Lieblingsserie vor dem Schlafen erlauben.

Was motiviert Sie?

Ab Seite 45 haben Sie Ihren Gründen für Ihr Tun nachgespürt. Da ging es um die Frage: Weshalb tun Sie, was Sie den ganzen Tag so tun? Diese Gründe allein sollten Sie bereits motivieren dranzubleiben. Es gibt aber auch noch andere Mittel, sich zu motivieren.

Ich bin mir sicher, dass es ein paar Dinge gibt, die Sie motivieren. Meistens sind das kleine Impulse von außen: ein bestimmtes Buch, eine bestimmte Geschichte z. B. von einem Ihrer Vorbilder, Fotos, Musik, ein Gespräch mit einem bestimmten Menschen ... Egal, was das Feuer in Ihnen wieder anzündet: Finden Sie heraus, was Sie zur Arbeit motiviert. Manchmal sind es nur die kleinen Dinge. Gut möglich, dass diese Motivation nicht lange anhält, doch immerhin haben Sie wieder einen Schritt vorwärts gemacht.

Das Wort Motivation kommt vom Lateinischen „movere" für „etwas in Bewegung setzen". Genau das ist der Punkt bei der Motivation: Sie löst etwas in Ihnen aus und setzt Sie in Bewegung. Deshalb ist die Motivation (wie auch die Demotivation) immer mit einer Emotion, einem Gefühl verbunden. Wenn Sie ein positives Gefühl nicht einfach so erzeugen können, dann nutzen Sie die Dinge, die dieses Gefühl in Ihnen auslösen.

Ich kann meine Emotionen sehr gut über Musik steuern. Deshalb habe ich eine Playlist mit dem Titel „Power" zusammengestellt. Hier sind 33 Songs gespeichert, die mir sofort neue Power und Motivation geben. Vom Lied unseres Hochzeitstanzes („Für mich soll's rote Rosen regnen" von Hildegard Knef) über ein paar Songs meiner Lieblingsband (The Beatles) bis hin zu Klezmer oder Rocksongs freue ich mich jedes Mal, wenn ich ein Lied davon höre. Höre ich nur ein paar Minuten diese Songs, kann ich gar nicht mehr traurig oder unmotiviert sein.

Was bei Ihnen funktioniert, wissen nur Sie selbst. Finden Sie es heraus und nutzen Sie es. Schreiben Sie eine Liste mit Dingen, die Ihnen gut tun oder Sie motivieren, und zwar am besten, wenn es Ihnen gerade sehr gut geht. Geht es Ihnen nämlich nicht so gut, fällt Ihnen nicht unbedingt ein, was Sie jetzt tun könnten oder was Ihnen jetzt gut täte. Bereiten Sie sich lieber vorher darauf vor und greifen Sie bei Bedarf auf diese Liste zurück wie auf eine Checkliste, genauso wie ich das mit meiner Playlist „Power" getan habe.

Ganz bewusst erholen

Stecken wir in einem Tief, heißt das nicht automatisch, dass wir müde und nicht erholt sind. Trotzdem kann eine Extra-Portion Erholung jetzt nicht schaden, um sich selbst zu stärken. Achten Sie noch mehr als sonst darauf, genug zu schlafen. Meiner Meinung nach ist einer der häufigsten Gründe für eine geringe Produktivität und Motivation ein Schlafdefizit. Wir leben in einer Gesellschaft, die Schlaf leider nicht mehr schätzt. Gerade in der jetzigen Situation ist es deshalb so wichtig, auf den Schlaf zu achten.

Tun Sie dann in Ihrer Freizeit bewusst Dinge, die Sie erholen. Das sind meistens eher aktive Dinge. Auf dem Sofa sitzen und fernsehen gehört nicht dazu, sondern Spaziergänge, mit den Kindern spielen, die Katze streicheln, Sport treiben, ein Wellnesstag oder ein Lesenachmittag am Sonntag. Je besser Sie erholt sind, desto mehr sind Sie in Ihrer Mitte und desto mehr Ressourcen haben Sie in der aktuellen Situation.

Zum Schluss: Ihr Gewinn durch höhere Produktivität

Wenn Sie dieses Buch durchgelesen haben, haben Sie jetzt zwei Möglichkeiten:

1. Sie können so weiter machen wie bisher. Falls Sie es nur aus Neugierde gelesen haben oder weil Sie nur den einen oder anderen Impuls brauchten, dann ist das völlig in Ordnung. Genügt Ihnen das und sind Sie mit Ihrer Produktivität zufrieden, dann gratuliere ich Ihnen. Wollen Sie hingegen wirklich etwas Grundlegendes ändern, dann gilt: Machen Sie so weiter wie bisher, wird sich nichts verändern.

2. Sie nehmen ein paar Anpassungen vor. Vielleicht haben Sie das schon beim Lesen gemacht. Sehr schön, ich gratuliere Ihnen! Sie sind definitiv auf dem richtigen Weg. Denn Sie haben sich bewusst entschieden, eine Veränderung jetzt anzupacken. Das ist der erste und wichtigste Schritt überhaupt.

Ein gutes Zeitmanagement ist keine Hexerei. Es ist ein ständiger Prozess, bei dem Sie nur besser werden können, je mehr Sie üben. Sie können eigentlich nur gewinnen.

Ohne Stress mehr erledigen

Wir dürfen nicht vergessen: Wir werden dafür bezahlt, Aufgaben zu erledigen, und nicht dafür, sie optimal zu verwalten. Deshalb muss ein gutes Zeitmanagement so einfach wie möglich sein und so wenig Zeit wie nötig kosten.

Gute Zeitmanagement-Methoden sind schnell und einfach umzusetzen. Sind sie kompliziert, ist die Gefahr groß, dass Sie sie nicht auf Dauer umsetzen und leben werden. Ein erfolgreiches Zeitmanagement geht sogar noch weiter. Es muss nämlich die Komplexität Ihrer Arbeit verringern – und nicht erhöhen. Damit hilft es Ihnen, Ihre Aufgaben besser, schneller, einfacher, zuverlässiger und zielgerichteter zu erledigen. Achten Sie auf das letzte Wort in dem Satz: erledigen. Denn genau darum geht es.

Mehr Zeit und Energie im Privatleben

Sie haben bei der Lektüre immer wieder gesehen, dass wir die Grenzen Ihrer Arbeit überschritten haben. Sie sind schließlich ein Mensch mit vielen Facetten und natürlich haben alle Bereiche Ihres Lebens aufeinander Einfluss. Ein gutes Zeitmanagement steigert deshalb auch Ihr Wohlbefinden, Ihre Zufriedenheit und beeinflusst damit auch Ihre Freizeit positiv. Haben Sie dagegen Ihre Arbeit nicht im Griff, sind meistens Überstunden angesagt, der

Stress steigt und Sie haben keine Energie mehr für Ihre Familie, Ihre Freunde und Ihre Hobbys. Verbessern Sie also Ihr Zeitmanagement nicht für Ihren Chef, Ihre Kollegen oder Ihre Kunden, sondern verbessern Sie es für sich selbst.

Ein guter Ruf

Wie Sie arbeiten, prägt Ihr Image. Sind Sie derjenige, der Aufgaben zuverlässig, pünktlich und mit hoher Qualität abliefert, werden das Ihre Kunden und Vorgesetzten schnell merken. Übrigens auch, wenn das Gegenteil der Fall ist.

Mit einem guten Zeitmanagement haben Sie einen Wettbewerbsvorteil. Denn das heißt meistens auch, dass Sie Ihre Aufgaben schneller erledigen und Geschwindigkeit (ohne Hetze!) ist definitiv etwas, was Sie von Ihren Wettbewerbern abheben kann.

Heutzutage ist es recht einfach, Kunden oder Geschäftspartner zu verblüffen. Dafür müssen Sie nur pünktlich und zuverlässig sein. Als Zeitmanagement-Trainer kann ich mir keine Verspätungen leisten. Deshalb achte ich darauf, dass ich auch Telefontermine absolut pünktlich beginne. Mindestens jeder zweite Gesprächspartner spricht mich darauf an und führt das häufig auf die angebliche Schweizer Pünktlichkeit zurück. Dabei ist es nur Respekt vor der Zeit des anderen, eine gute Organisation und ein gutes Zeitmanagement.

Es lohnt sich für Sie

Ein gutes Zeitmanagement kann einfach erlernt werden. Sie brauchen nur Zeit zu investieren. Selbst wenn Sie ein Seminar, ein Training oder ein Coaching buchen, ist Ihre finanzielle Investition überschaubar. Dafür ist Ihr Gewinn riesig! Selbst wenn Sie nur eine Stunde Zeit pro Tag sparen (was durchaus möglich ist), haben Sie pro Woche fünf Stunden, pro Monat gut 22 Stunden und pro Jahr weit über 200 Stunden Zeit eingespart! Diese Zeit können Sie nutzen, um weniger zu arbeiten. Sie können aber natürlich gleichviel arbeiten und mehr erreichen. So oder so haben Sie einen Fokus, mehr Zufriedenheit und letztlich auch mehr Spaß bei der Arbeit gewonnen.

Für all das sind nur eine kleine Investition und das Lernen von neuen Gewohnheiten nötig. Das ist doch ein sehr guter Deal, finden Sie nicht auch? Deshalb lautet die Frage eigentlich nicht „Warum Zeitmanagement?", sondern „Warum nicht?" Warum nicht das eigene Leben verbessern und ein gutes Zeitmanagement erlernen?

Einfach und ohne Ausrüstung

Wollen Sie Musik komponieren, brauchen Sie ein Instrument, das Sie auch spielen können. Wollen Sie Skifahren, brauchen Sie eine Skiausrüstung. Wollen Sie ein besseres Zeitmanagement erlernen, brauchen Sie – nichts. Es ist schon alles da! Sie können ein perfektes Zeitmanagement allein mit Stift und Papier einrichten. Natürlich kann es sinnvoll sein, eine bestimmte Software zu nutzen, doch das ist keine Voraussetzung.

Ein gutes Zeitmanagement findet nämlich in Ihrem Kopf statt: in Ihren Einstellungen und Ihren Gewohnheiten.

> *Herr Baumann ist Geschäftsführer eines Bauunternehmens mit 650 Mitarbeitern. Seine Arbeitsorganisation ist so simpel wie effizient. Jede Woche nimmt er sich einen großen Wochenplaner, legt ihn vor sich auf sein Pult und notiert, wann er welche Aufgabe erledigen will. In der nächsten Woche überträgt er die noch offenen Aufgaben von Hand. Muss er das bei einer Aufgabe mehrmals tun, ärgert er sich so sehr darüber, dass er die Aufgabe sofort erledigt. Mit dieser simplen Methode organisiert er seine gesamte Arbeit.*

Die dunkle Seite des Zeitmanagements

Natürlich bin ich davon überzeugt, dass ein gutes Zeitmanagement Ihr Leben stark verbessern kann. Trotzdem gibt es auch eine dunkle Seite. Wie bei jedem Thema kann man sich auch hier verrennen. Ich glaube zwar nicht, dass wir zu produktiv werden können, doch mir sind durchaus Fälle bekannt, in denen es nur noch um Zeitmanagement um seiner selbst willen geht. Da werden dann Stunden investiert, um noch ein kleines Quäntchen produktiver zu werden. Oder die Suche nach der perfekten Methode oder App nimmt nie ein Ende.

Das muss nicht automatisch verkehrt sein, doch trotzdem können wir uns zu sehr um Zeitmanagement kümmern. Hier ein paar Beispiele, was passieren kann:

- Ihr Stresslevel nimmt zu. Sie setzen sich selbst unter Druck, ständig produktiv sein zu müssen. Dabei ist ein gutes Zeitmanagement ein cleverer Wechsel zwischen Anspannung und Entspannung. Wir müssen nicht immer arbeiten, wir müssen nicht immer produktiv sein. Das können wir ohnehin nicht.

- Sie nehmen eine falsche Perspektive ein. Ein gutes Zeitmanagement heißt nicht nur, effizienter zu arbeiten. Genauso wichtig ist es, effektiver zu arbeiten und abends so richtig zufrieden zu sein. So kann ich etwa sehr effizient E-Mails abarbeiten oder viele Blogs lesen, doch das ist nicht unbedingt effektiv. Effektiver wäre es, die Aufgaben zu erledigen, die mich zu meinen Zielen führen.

- Sie vergessen Ihre Arbeit. Wir werden dafür bezahlt, unsere Aufgaben zu erledigen, und nicht dafür, sie optimal zu verwalten. In der Zeit, in der ich die super-tolle neue App evaluiere, bleiben meine Aufgaben liegen. Vor lauter Suche nach weiteren Optimierungen verlieren wir das eigentlich Wichtige, eben das Erledigen der Aufgaben, aus den Augen.

- Sie setzen keine Grenzen. Keine Minute darf verschwendet sein. Können wir uns überhaupt noch unproduktive Zeit (wie Freizeit und Erholung) leisten? Wartezeiten oder leere Zeiten zu füllen, mag manchmal eine gute Strategie sein. Doch ob wir deshalb gleich während jeder Straßenbahnfahrt oder in der Filmpause im Kino ein paar E-Mails beantworten müssen?

- Sie können nicht loslassen. Produktives Arbeiten ist ein Wechsel von Anspannung und Entspannung genauso wie Flut und Ebbe. Während des Spaziergangs ein Hörbuch oder einen Podcast zu hören, ist völlig in Ordnung, wenn wir für das Thema brennen. Wenn wir das aber nur hören, um keine Zeit zu verlieren, ist möglicherweise die Sichtweise verkehrt.

Wenn Sie sich in diesen Beispielen wiedergefunden haben, dann ist es Zeit, einen Schritt zurückzutreten und die eigene Einstellung gegenüber dem Zeitmanagement zu überprüfen.

Hier ein paar Fragen, die Ihnen dabei helfen:

1. Was sind für Sie ein gutes Zeitmanagement und produktives Arbeiten? Welche Bedeutung geben Sie dem? Ein gutes Zeitmanagement heißt nicht, immer mehr in Ihren Tag hineinzupressen. Häufig bringt es viel mehr für Ihre Produktivität, wenn Sie 20 Minuten einfach nur Ihre Katze streicheln oder eine Stunde mit Ihren Kindern spielen, weil Sie dabei neue Kräfte schöpfen.

2. Wie erholen Sie sich? Nehmen Sie sich bewusst Zeit für Erholung? Oder sind Pausen für Sie Zeitverschwendung?

3. Wann lassen Sie los? Wann sind Sie einfach nur (und machen nichts)? Planen Sie solche Zeiten bewusst ein?

4. Was macht Ihnen Spaß? Welche Aktivitäten oder welche Hobbys wollen oder sollten Sie mehr pflegen?

5. Wann sind Ihre Auszeiten? Das können kleine Pausen sein (z. B. der Weg zur Arbeit), in denen Sie einfach nichts tun – auch nicht auf dem Smartphone Nachrichten lesen. Wann gehen Sie physisch von Ihrer Arbeit weg und schalten von allem ab? Das können Wochenend-Trips und natürlich auch Urlaubsreisen sein, an denen Sie nur eines tun: Reisen.

Wir dürfen – oder sollen sogar – auch unproduktiv sein. Das müssen wir aber auch zulassen. Können Sie das?

Regeneration statt Hamsterrad

Stand 2017. Änderungen vorbehalten.

- Pausen effektiv nutzen und Stress vorbeugen
- Das Erfolgs-Training für Alltag und Arbeitsplatz von Top-Mentalcoach Peter Solc
- Leicht verständlich, überall umsetzbar

Peter Solc
Die TIME-OUT-Taktik
224 Seiten
14,5 x 21,5 cm, Broschur
ISBN 978-3-86910-505-5
€ 19,99 [D] / € 20,60 [A]

Der Ratgeber ist auch als eBook erhältlich.

...bringt es auf den Punkt.

Bibliografische Information der Deutschen Nationalbibliothek
Die Deutsche Nationalbibliothek verzeichnet diese Publikation in der Deutschen
Nationalbibliografie; detaillierte bibliografische Daten sind im Internet über
http://dnb.ddb.de abrufbar.

ISBN 978-3-86910-776-9 (Print)
ISBN 978-3-86910-778-3 (PDF)
ISBN 978-3-86910-779-0 (EPUB)

Originalausgabe

© 2017 humboldt
Eine Marke der Schlüterschen Verlagsgesellschaft mbH & Co. KG,
Hans-Böckler-Allee 7, 30173 Hannover
www.schluetersche.de
www.humboldt.de

Autor und Verlag haben dieses Buch sorgfältig geprüft. Für eventuelle Fehler kann dennoch
keine Gewähr übernommen werden. Alle Rechte vorbehalten. Das Werk ist urheberrechtlich
geschützt. Jede Verwertung außerhalb der gesetzlich geregelten Fälle muss vom Verlag
schriftlich genehmigt werden.

Lektorat: Ulrike Schöber, Dortmund
Covergestaltung: semper smile Werbeagentur GmbH, München
Coverfoto: shutterstock/alldrow; grmarc; secondcorner
Satz: PER Medien+Marketing GmbH, Braunschweig
Druck: gutenberg beuys feindruckerei GmbH, Langenhagen